江苏省高等学校重点教材

P生理学实验
HYSIOLOGICAL EXPERIMENTS

（第2版）

主编　潘正军　卜翠萍
　　　周雪瑞　杨占军

江苏大学出版社
JIANGSU UNIVERSITY PRESS

镇　江

内 容 简 介

本书是针对生物科学类本科专业开设的生理学及相关课程的配套实验教材。全书由总论、基础性实验、综合性与探索性实验三个部分组成，设有神经与肌肉生理、血液生理、血液循环生理、呼吸生理、消化生理、泌尿生理、中枢神经生理、感觉生理、内分泌生理 9 章共 45 个基础性实验项目以及 9 个综合性实验，并在探索性实验部分提供了 65 个探索性实验选题供学有余力、对生理学知识感兴趣的学生参考。本书在每个实验项目前都配有导学性的"你知道吗?"模块，帮助学生了解实验的背景知识、意义，启迪学生循序渐进地开展实验学习；在实验项目后提供了相应的思考题和富有拓展性的讨论题，帮助学生及时且有针对性地进行思考与思维拓展。本书主要面向师范类院校生物科学、生物技术专业本科生，也可作为生命科学相关专业教师的教学用书和开展科学研究的参考用书。

图书在版编目（CIP）数据

生理学实验 / 潘正军等主编. —— 2 版. —— 镇江：
江苏大学出版社，2023.12
ISBN 978-7-5684-1959-8

Ⅰ. ①生… Ⅱ. ①潘… Ⅲ. ①生理学—实验 Ⅳ.
①Q4-33

中国国家版本馆 CIP 数据核字（2023）第 190927 号

生理学实验（第 2 版）
Shenglixue Shiyan（Di-er Ban）

主　　编/潘正军　卜翠萍　周雪瑞　杨占军
责任编辑/仲　蕙
出版发行/江苏大学出版社
地　　址/江苏省镇江市京口区学府路 301 号（邮编：212013）
电　　话/0511-84446464（传真）
网　　址/http：//press.ujs.edu.cn
排　　版/镇江市江东印刷有限责任公司
印　　刷/镇江文苑制版印刷有限责任公司
开　　本/787 mm×1 092 mm　1/16
印　　张/13
字　　数/322 千字
版　　次/2023 年 12 月第 2 版
印　　次/2023 年 12 月第 1 次印刷
书　　号/ISBN 978-7-5684-1959-8
定　　价/45.00 元

如有印装质量问题请与本社营销部联系（电话：0511-84440882）

⚫ 前　　言 ⚫

　　近年来，随着高等院校不同专业课程设置的变化和教学课时的压缩，生理学实验的教学内容也有了很大的变化，更新教材成为教材使用的当务之急。编写 2015 年出版的《生理学实验》（杨占军主编）一书的团队成员及实验课一线教师结合教学实践对原教材内容进行了脉络梳理、章节适度调整与内容优化，编写成了现在的《生理学实验》（第 2 版），以期做到与时俱进。

　　《生理学实验》（第 2 版）以提高学生的科学素养为主旨，以更加利于学生自主学习、主动思考和合作探究为目的对第 1 版内容做了修订，全书由总论、基础性实验、综合性与探索性实验三个部分组成。其中，总论基本保留了第 1 版第 1 章的绪论和第 2章的实验动物及实验的基本操作。为了使本书的脉络更清晰，便于学生与理论课学习对应，第 2 版在第 1 版的基础上，基础性实验部分按章节呈现了生理学相关实验内容，并且调整了基础性实验和综合性实验的比例，精简了探索性实验，微调了原有的思考题；增设了讨论题。

　　第 2 版在各实验开篇增设了背景知识"你知道吗?"，帮助学生在实验前对即将开展的实验所涉及的背景知识、基本概念、基本原理进行针对性的回顾，厘清关联知识的内在联系，快速思考，迅速切入相关实验思维轨道，顺利开展实验，提高自己主动开展生理学实验的综合能力。

　　第 2 版共选编了 45 个基础性实验和 9 个综合性实验，并提出了 65 个探索性实验选题供读者参考。本书既可作为师范院校生物科学和生物技术专业学生实验教学用书，也可作为体育院校及其他高校相关专业的公共选修课教材，还可作为生理、药理学工作者的参考用书。

　　本书的出版获得了 2020 年江苏省高等学校重点教材立项资助。第 1 版的主编杨占军教授虽已退休，但他仍非常关心本书的修订与再版工作，多次与课程组成员沟通交流。第 2 版的修订工作主要由在职的课程组成员负责，其中内容简介、前言、第一部分由周雪瑞增补及修订，第二部分由潘正军修订，第三部分及附录由卜翠萍修订；周雪瑞、潘正军负责统稿，卜翠萍负责汇总与校对工作。该书的出版得到了江苏大学出版社的大力支持，在此表示衷心的感谢！

　　由于编者的学识和水平有限、经验不足，部分实验教学形式仍在探索中，不当之处亟盼读者朋友予以指正，以便再版时修改和完善。

编　者

2022. 10

目　录

第一部分

总论

第1章 绪 论

生理学实验是一门以人和实验动物为对象，以基本操作技术（包括动物的捉拿、固定、麻醉、插管、手术等）为基础，以现代电子科学技术，特别是计算机生物信号采集处理技术（包括刺激、换能、放大、显示、记录结果及处理等）为主要手段，在器官系统乃至细胞水平上以探究生命活动规律及工作机制为目标的实践性学科。生理学是建立在实验和观察基础上的学科，是生理学理论知识的来源和依据。所以，生理学的创立和发展离不开生理学实验。生理学实验课程的重要性不仅在于验证理论、传授知识、发现问题，还在于培养学生的实践能力和创新思维，以及提高学生的动手能力、分析能力、创新能力和科学素养。因此，在学习生理学这门重要基础课时，除了应当重视学习理论知识外，还应当重视生理学实验操作。

1.1 生理学实验的目的和要求

1.1.1 生理学实验的目的

（1）学生通过生理学实验学习，掌握生理学实验常用仪器和设备的基本操作方法，熟悉和掌握生理学实验的基本操作，掌握观察实验过程、记录实验结果和分析实验数据的方法。

（2）学生通过同时观察多个实验项目或进行综合性实验，进一步规范实验操作，重点培养自身分析问题的能力和逻辑推理能力。

（3）学生通过参与探索性实验设计训练，掌握实验设计的基本原理，以及撰写实验报告的基本方法。

（4）增强学生的创新意识，培养其创新能力和实践动手能力，加强学生之间的合作与交流，培养团队协作能力，提高学生的综合素质。

1.1.2 生理学实验的要求

1. 实验前

（1）认真预习实验指导内容，了解实验目的、实验要求、实验步骤和操作程序。

（2）结合实验内容，复习有关理论知识，对于每次实验做到心中有数，力求提高实验课的学习质量。

（3）预测实验各个步骤应得到的结果，并应用已知的有关理论知识予以解释，分析实验过程中可能出现的误差。

2. 实验中

（1）遵守课堂纪律，准时到达实验室，进实验室前必须穿实验服；保持实验室安静，不喧哗；保持实验室整洁，不乱扔纸屑和杂物，实验垃圾要扔在指定的地方。

（2）认真聆听实验指导教师的讲解，仔细观察示教操作，要牢记实验指导教师指出的实验过程中的注意事项；严格按照实验步骤进行操作，仔细观察实验现象。

（3）按规范对实验动物进行麻醉、手术和处理；注意实验安全，爱护实验器材，使用仪器设备时必须按照规程操作。

（4）以严谨、实事求是的科学态度，仔细、耐心地观察实验现象，联系实验指导教师讲授的内容对实验结果进行科学分析。

（5）实验小组成员在不同的实验项目中，应轮流进行各项实验操作，力求做到每个人的学习机会均等。在做关于哺乳类动物的大实验时，组内成员要分工明确、相互配合、各尽其责，并服从统一指挥。

3. 实验后

（1）实验所用的器械和用具清洗、擦干、整理后应回归原位。如果发现器材和设备损坏或缺少，应立即向指导教师报告真实情况，并予以登记备案。临时向实验室借用的器材或物品在实验结束后应立即归还，并予以注销。

（2）认真整理实验记录和资料，对实验结果进行分析。

（3）认真撰写实验报告，按时送交指导教师评阅和计分。

4. 实验结果的处理

通过科学方法对生理学实验过程中观察到、检测到的实验结果进行分析和整理，并将其转变为可定性或定量的数据和图表，以便研究其变化规律。凡属于可以定量检测的数据，如高低、长短、快慢、轻重、多少等，均应以法定计量单位和数值予以表示。在可以用曲线表示实验结果的实验项目中，应尽量采用曲线图表示，并且在曲线上仔细标明各项图注，使其他人易于观察和辨识曲线的内在含义。例如，在曲线的适当部位标注度量标尺及度量单位、刺激开始和终止的标志、时间标志、实验日期及实验名称等。对于需要进行统计分析的实验结果，应按统计学方法进行处理。

1.2 生理学实验的教学要求

1.2.1 基本要求

生理学示教实验或学生自行操作的实验，均要求每位学生书写实验报告。个别实验项目经指导教师统一规定认可，可按小组集体书写实验报告。学期开始时，学生应按照教研室的规定，使用统一的实验报告册书写实验报告。实验报告应按照要求书写，按时送交指导教师评阅，不得拖延或不交。学期末，指导教师将全部实验报告册及时送交教研室审核。评定实验课成绩时，除将实验报告作为一项重要的考查依据外，还需要结合每次实验中学生的学习态度和实验表现，以及实验考核所得成绩综合评定。

1.2.2 实验报告的格式及要求

实验报告是对整个实验及其结果的汇报性记录，主要反映学生对实验设计和原理的理解情况、对技术方法的掌握程度、对实验数据的记录情况，以及对实验结果的评价与分析情况等，其重要性不亚于实验本身。因此，在实验结束后，每个同学都必须根据实验过程及其结果如实书写实验报告，内容应完整，文字应简洁明了。实验报告的书写包括下面几项内容。

（1）姓名、学号、班级、组别、指导教师、日期。

（2）实验名称。

（3）实验目的。

（4）实验动物。

（5）药品与器材：实验中所用的药品（包括剂型、规格和数量）、仪器（包括型号和生产单位）及材料（包括型号、规格和数量）。

（6）实验过程（步骤）：如实描述实验中的每一步操作，可用自己的语言描述实验过程，不要照抄实验指导的内容。如果操作过程中有失误，就需要说明失误的原因。

（7）实验结果：以实验原始记录为依据，用文字、图表来表示观察到的实验现象。数据必须真实、准确、可靠，不得造假，不得抄袭他人结果。

（8）讨论：结合已学过的理论知识，针对所得到的实验结果及整个实验过程进行理论分析，阐明自己对实验过程和结果的理解。

（9）结论：结论是对实验过程和实验结果的评价与总结，要有理论依据和科学性，语言要简明扼要。

1.2.3 实验室守则

为了顺利进行实验，并得到可靠的实验结果，学生在实验室学习时，必须遵守实验室的各项规定。

（1）进入实验室前，必须穿好实验服。实验室内须保持安静，实验时保持严谨的科学态度和实事求是的工作作风，不得无故迟到或早退。

（2）实验开始前，每组派一名学生到指导教师处领取实验器械，仔细核查有无缺损并妥善保管。

（3）正式操作前，要仔细检查并核对所用药品、器材和动物。实验中要注意节约药品、爱护仪器和动物。

（4）对于教师已调试好的电脑和实验仪器，学生不可擅自更改设置，以免影响实验结果。

（5）实验中按照规范的实验方法操作，尤其要牢记教师强调的实验注意事项。

（6）实验中仔细观察，及时记录实验数据和结果。

（7）实验结束后必须将仪器清洗、擦干，清点后放回原处；各组轮流打扫实验室卫生，特别要注意水电是否关闭，确保实验室安全。

（8）在实验过程中造成实验器材、设备损坏的，需如实登记，说明原因并签字，酌情赔偿。

（9）实验结束后，按照要求撰写实验报告，并按时上交。

第 2 章　实验动物及实验的基本操作

2.1　实验动物的基础知识

2.1.1　常用实验动物的主要生理学数据

动物是生理学实验的重要组成部分。生理学工作者应对常用实验动物的生物学特征、主要用途及主要生理学数据有基本的了解，只有这样才能正确地选择与使用动物，获得可靠的实验结果。

本节选用几种较为常用的实验动物并介绍其生理学数据，这些数据是由不同作者在不同实验条件下得到的，把它们视为恒定不变的生理常数或正常值是不妥当的。由于生理学数据受到动物种类、品系、性别、年龄、数量、饲养条件、健康状况以及实验条件和测定方法等多种因素的影响，因此本节所列数据只能作为参考。

1. 家兔

（1）生物学特征

家兔属于哺乳纲，兔形目，兔科，是穴兔的变种，品种较多。最常见的品种有中国白兔（耳短而厚、嘴较尖、白毛、红眼）、青紫蓝兔和大耳白兔（日本大耳白兔）。

家兔的寿命为 4~9 年。性成熟期 5~8 月龄，第一次配种期 7~9 月龄，交配期 1~5 天，孕期 30 天。一年内产仔 3~5 胎，每胎产仔 1~5 只，哺乳期 30~50 天。雌性家兔生育期 4~5 年，雄性家兔生育期 2~3 年。

家兔的年龄鉴定：家兔的年龄主要依据趾爪和门齿做大致鉴别。幼年白色家兔趾爪呈白色，爪根部呈粉红色，隐于脚部被毛之中，随着年龄的增长露出毛外。一年生家兔趾爪的白色与红色部分长度相等；一年以下，红色部分长于白色部分；一年以上，白色部分长于红色部分。老年家兔的趾爪长而弯曲，色黄。深色家兔的趾爪呈褐黑色。

家兔的门齿随年龄的增长而变化。幼兔门齿洁白而短小、排列整齐；老年家兔的门齿呈暗黄色、厚而长齐，且时有破损。

家兔的性别主要依据外生殖器来鉴别，方法是将家兔头部轻轻夹于左腋下，左手按住其腰背部，右手拉开尾巴，并用中指和环指夹住，然后用拇指与食指扒开生殖器附近的皮毛。若为雄兔，即可见到在圆孔中露出圆锥形稍向下弯曲的阴茎（注意：幼兔看不到明显的阴茎，只能看到圆孔中有一凸起物）；若为雌兔，则为一条朝向尾部的椭圆形间隙，间隙越向下越窄，此即阴道开口处。天热时，雄兔睾丸可离开腹腔进入耻骨联合两旁的阴囊内。

（2）主要用途

家兔易于繁殖与饲养，在生理学实验中被广泛应用。如常用家兔进行血压、呼吸、泌尿等急性实验和对卵巢、胰岛等腺体进行内分泌实验。离体兔耳和离体兔心常被用作灌流实验的标本，进行心血管方面的分析性研究。家兔是研究减压反射的首选动物，其颈部主动脉神经与迷走神经分离，自成一束，便于观察主动脉神经的作用。在心肌细胞电生理学实验中，兔心的窦房结常用来进行心脏起搏电位研究。需要注意的是，家兔的心血管系统较为脆弱，有时易出现反射性衰竭。由于家兔是草食性动物，因此胃的排空时间较长。另外，家兔缺乏呕吐反射与咳嗽反射，故研究此类问题时，不宜选择家兔作为实验动物。

（3）主要生理学数据（平均值）

血容量：占体重的 8.7%，变化范围为 7%～10%。

心率：205 次/min，变化范围为 123～304 次/min。

心输出量：2.8 L/min 或 0.11 L/（kg·min）。

2. 大白鼠

（1）生物学特征

大白鼠属于哺乳纲，啮齿目，鼠科。我国实验用大白鼠通常为野生褐鼠的饲养变种。

大白鼠的寿命一般为 2～3 年。性成熟期 2～3 月龄，第一次配种期 3.5～4 月龄，交配期 4～5 天，孕期 30 天。一年内产仔 4～7 胎，每胎产仔 5～9 只，哺乳期 30 天。雌性大白鼠生育期为 1.5～2 年，雄性生育期为 1～1.5 年。仔鼠初产时无毛，不睁眼，28～35 天后即可断奶。

大白鼠的年龄可通过以下两种方式来判断。

① 根据生理特征判断大致年龄（表 2-1）

表 2-1　根据大白鼠生理特征判断大致年龄

生理特征	耳朵张开	睁眼	门齿长出	第一对白齿长出	第二对白齿长出	第三对白齿长出	阴道张开	睾丸下降
年龄/天	2.5～3.5	14～17	8～12	19	21	35	72	40

② 根据体重判断大致年龄（表 2-2）

表 2-2　根据大白鼠体重判断大致年龄

体重/g	18	40	80	130	165	196	216	228	240	250	290
年龄/天	20	40	60	80	100	120	140	160	180	200	320

大白鼠的性别鉴定方法主要是观察肛门与生殖器之间的距离，雄性这一距离较长，雌性这一距离较短。此外，天热时，雄鼠的睾丸常从腹腔降到阴囊内。雌性大白鼠阴部可见肛门、尿道口与阴道口 3 个明显的腔道孔，腹部有 12 对明显的乳头。

（2）主要用途

大白鼠是生理学实验的常用动物，广泛应用于内分泌与高级神经活动实验。大白鼠有功能完善的垂体——肾上腺系统，常用于应激反应及对肾上腺、垂体、卵巢等腺体进行内分泌实验。大白鼠的循环系统反应良好，故常将它作为记录动脉血压、肢体血管灌流量或离体心脏灌流量的实验对象。大白鼠在解剖上缺少胆囊，可用胆管插管收集胆汁，进行消化生理研究。此外，在医学上，大白鼠是营养学、肿瘤、细菌学及关节炎等研究的常用实验动物。

（3）主要生理学数据

血容量：占体重的 7.4%。

心率：328 次/min，变化范围为 216~600 次/min。

心输出量：0.047 L/min。

血压：收缩压 129 mmHg，变化范围为 88~184 mmHg；舒张压 91 mmHg，变化范围为 58~145 mmHg。

红细胞计数：$8.9 \times 10^6/mm^3$，变化范围为 $(7.2~9.6) \times 10^6/mm^3$。

血红蛋白含量：14.8 g/100 mL 血液，变化范围为 12~17.5 g/100 mL 血液。

血细胞比容：46 mL/100 mL 血液，变化范围为 39~53 mL/100 mL 血液。

单个红细胞平均体积：$55 mm^3$，变化范围为 $52~58 mm^3$。

单个红细胞平均直径：7.0 mm，变化范围为 6.0~7.5 mm。

红细胞沉降速度：1 h 为 3 mm；2 h 为 4~5 mm；24 h 为 10 mm。

红细胞比重：1.090%。

血小板计数：$(100~300) \times 10^3/mm^3$。

白细胞计数：$14 \times 10^3/mm^3$，变化范围为 $(5~25) \times 10^3/mm^3$。

中性粒细胞：$3.1 \times 10^3/mm^3$，变化范围为 $(1.1~6.0) \times 10^3/mm^3$，占 22%，变化范围为 9%~34%。

嗜酸性粒细胞：$0.3 \times 10^3/mm^3$，变化范围为 $(0~0.7) \times 10^3/mm^3$，占 2.2%，变化范围为 0~6%。

嗜碱性粒细胞：$0.1 \times 10^3/mm^3$，变化范围为 $(0~0.2) \times 10^3/mm^3$，占 0.5%，变化范围为 0~1.5%。

淋巴细胞：$10.2 \times 10^3/mm^3$，变化范围为 $(7.0~16.0) \times 10^3/mm^3$，占 73%，变化范围为 65%~84%。

大单核细胞：$0.3 \times 10^3/mm^3$，变化范围为 $(0~0.65) \times 10^3/mm^3$，占 2.3%，变化范围为 0~5%。

血液 pH：7.35，变化范围为 7.26~7.44。

血浆比重：1.029~1.034。

呼吸频率：85.5 次/min，变化范围为 66~114 次/min。

潮气量：0.86 mL，变化范围为 0.60~1.25 mL。

每分通气量：0.073 L，变化范围为 0.050~0.101 L。

排尿量：10~15 mL/天（小于 50 g 大鼠）。

体温（直肠）：39 ℃，变化范围为 38.5~39.5 ℃。

3. 小白鼠

（1）生物学特征

小白鼠属于哺乳纲，啮齿目，鼠科。我国实验用小白鼠系野生鼷鼠的变种。

小白鼠的寿命一般为 2 年左右。雌性的性成熟期为出生后 35~55 天，雄性的性成熟期为出生后 45~60 天。第一次配种期在出生后 1.5~2 月，交配期 4~5 天，孕期 20~25 天。小白鼠一年产仔 4~9 胎，每胎产仔 2~12 只不等，哺乳期 25~30 天。繁殖适龄期为出生后 60~90 天，生育期约 1 年。

可以用以下两种方法判断小白鼠的大致年龄。

① 根据生理特征判断大致年龄

耳壳脱出表皮：3 天。

脐带脱落：4 天。

能翻身：5 天。

能爬出窝并在窝外游走：8 天。

听觉发育，能听到声音：10 天。

全身被上白毛，门齿长出齿肉：9~11 天。

睁眼，能跑、跳、抓东西：13~15 天。

能自行觅食：20 天。

雄性睾丸下降：21 天。

雌性阴道张开：35 天。

上述发育程序一般是固定的，但时间长短视小白鼠的营养及健康状况而异。

② 根据体重判断大致年龄（表 2-3）

表 2-3　根据小白鼠体重判断其大致年龄

体重/g	4	8	14	18	22	24	25	27	28	30
年龄/天	10	20	30	40	50	60	70	80	90	100~120

性别鉴定方法与大白鼠的相同。

（2）主要用途

小白鼠繁殖能力强，繁殖周期短，产仔多，便于人工饲养，在医学实验特别是在大样本的实验中应用最为广泛，如药物筛选、半数致死量的测定、药物的效价比较等。在生理学实验中，小白鼠也是常用实验动物，多用于神经系统高级机能的研究及内分泌和生殖生理实验。

（3）主要生理学数据

血容量：占体重的 8.3%。

心率：600 次/min，变化范围为 328~780 次/min。

血压：收缩压 113 mmHg，变化范围为 95~125 mmHg；

　　　舒张压 81 mmHg，变化范围为 67~90 mmHg。

红细胞计数：$9.3×10^6/mm^3$，变化范围为 $(7.7~12.5)×10^6/mm^3$。

血红蛋白含量：14.8 g/100 mL 血液，变化范围为（10~19.8）g/100 mL 血液。

血细胞比容：41.5 mL/100 mL 血液。

单个红细胞平均体积：49 mm^3，变化范围为 48~51 mm^3。

单个红细胞平均直径：6.0 mm。

红细胞比重：1.090。

血小板计数：（157~260）×10^3/mm^3。

凝血时间：24~40 s。

白细胞计数：8.0×10^3/mm^3，变化范围为（4.0~12.0）×10^3/mm^3。

中性粒细胞：2.0×10^3/mm^3，变化范围为（0.7~4.0）×10^3/mm^3，占 25.5%，变化范围为 12%~44%。

嗜酸性粒细胞：0.15×10^3/mm^3，变化范围为（0~0.5）×10^3/mm^3，占 2%，变化范围为 0~5%。

嗜碱性粒细胞：0.05×10^3/mm^3，变化范围为（0~0.1）×10^3/mm^3，占 0.5%，变化范围为 0~1%。

淋巴细胞：5.5×10^3/mm^3，变化范围为（3~8.5）×10^3/mm^3，占 68%，变化范围为 54%~85%。

大单核细胞：0.3×10^3/mm^3，变化范围为（0~1.3）×10^3/mm^3，占 4%，变化范围为 0~15%。

呼吸频率：163 次/min，变化范围为（84~230）次/min。

潮气量：0.15 mL，变化范围为 0.09~0.23 mL。

每分通气量：0.024 L/min，变化范围为 0.011~0.036 L/min。

排尿量：1~3 mL/天。

体温（直肠）：38 ℃，变化范围为 37~39 ℃。

4. 蟾蜍与青蛙

（1）生物学特征

蟾蜍与青蛙均属两栖纲，无尾目，前者属蟾蜍科，后者属蛙科。蛙类品种较多，是脊椎动物由水生向陆生过渡的中间类型。

① 蟾蜍

蟾蜍身体较大，皮肤粗糙，表面有许多突起，眼的后方有一对毒腺，所分泌的黏液为蟾酥。雌性蟾蜍的背部突起上生有黑色小棘，雄性则无。蟾蜍白天隐居于石块、落叶下或洞穴内阴湿处，傍晚或夜间活动、觅食，以甲虫、蚊虫、蠕虫、多足类及软体动物为食。每年冬季潜伏在土壤中冬眠，春季出土。3—4 月间在水中产卵，卵结成带状，数目可达 6000 余枚。卵子体外受精，受精后两周孵化。幼体形似小鱼，用鳃呼吸，有侧线，称蝌蚪。蝌蚪经 77~91 天变态发育为成体，转入陆地生活。蟾蜍的性成熟期为 4 年。

② 青蛙

青蛙一般较小，皮肤光滑，背部有明显的侧褶，后肢有发达的蹼。雄蛙头部两侧各有一个鸣囊，是发声的共鸣器。青蛙前肢短，后肢长，适于跳跃。一般栖居于陆地，常活动于河边、水田、池塘的草丛中，以昆虫、蜘蛛、多足类动物等为食。青蛙在每年 10 月以后于泥土中越冬，次年 3 月中旬开始活动，4—6 月产卵，卵子受精后 3 天孵化，蝌蚪（幼体）经 3~5 个月变态发育为成体，转入陆地生活。

性别鉴定：蟾蜍的性别鉴定主要看前肢 2~4 趾侧部的黑疣，此为黑色的色素突起，雄性蟾蜍有此黑疣，雌性则无。交配时，雄性用黑疣来拥抱雌性。生殖季节，雄蛙的前肢第 1~3 趾有类似的椭圆形抱雌疣。雄蛙有鸣囊，可鸣叫，雌蛙则无。此外，把蛙提起时，前肢呈环抱状者为雄性，前肢呈垂直状者为雌性。

（2）主要用途

蛙类虽然较为低等，但在生理学实验中应用非常广泛。蛙类的循环系统、神经系统和肌肉均为生理学常用的实验材料。例如，蛙类可用于离体心脏灌流、下肢血管灌流、微循环观察、心电图实验，以及脊髓休克、脊髓反射、谢切诺夫抑制、反射弧分析实验。另外，蛙类的坐骨神经-腓肠肌、坐骨神经-缝匠肌、腹直肌等均为生理学的重要实验用标本。

（3）主要生理学数据

蛙类虽为常用实验动物，但其生理学数据并不完善。现以蟾蜍为例加以说明。

血容量：占体重的 5%。

心率：36~70 次/min。

血压：30~60 mmHg（颈动脉弓）。

红细胞计数：$4.87 \times 10^6/mm^3$，变化范围为 $(4~6) \times 10^6/mm^3$。

血红蛋白含量：8 g/100 mL 血液。

红细胞渗透脆性：0.13%NaCl 溶液。

红细胞比重：1.090。

血小板计数：$3 \times 10^3 ~ 5 \times 10^9/mm^3$。

凝血时间：5 min。

白细胞：$2.4 \times 10^3/mm^3$。

血液比重：1.014。

血浆比重：1.029~1.034。

2.1.2　实验动物的选择

为了获得理想的实验结果，必须根据实验目的选择适宜的观察对象。

1. 种属的选择

在选择实验动物时，尽可能选择对刺激因素较为敏感且与人类接近的动物。不同种属的动物对同一疾病病因刺激的反应程度会有很大的差异。例如，进行发热实验时，应首选家兔；进行过敏反应和变态反应实验时，应首选豚鼠；小鼠宜用于半数致死量等方面的观察。

2. 性别的选择

由于成年雌性动物的代谢存在明显的性周期变化，这些变化会影响受试动物对某些实验因素的反应状态。因此在选择实验动物时，要么全用雌性动物，要么全用雄性动物，以排除性别对实验结果的干扰。

（1）哺乳动物的性别辨认

① 鼠类

雄性小鼠和大鼠的性器官与肛门的距离较远，两者之间有被毛，阴囊明显可见。

雌性小鼠和大鼠的性器官与肛门的距离较近，两者之间无被毛，腹部乳头明显可见。豚鼠的性别辨认方法与小鼠和大鼠相同。

② 家兔

雄性家兔泄殖孔附近可见阴囊，用拇指和食指挤压泄殖孔部位，可露出阴茎。雌性家兔腹部 5 对乳头明显可见。

（2）蟾蜍的性别辨认

雄性蟾蜍背部有光泽，前肢的大趾外侧有一直径约 1 mm 的黑色突起——婚垫，捏其背部时会发出声音，前肢多半呈曲环钩姿势；雌性无上述特点。

3. 状态的选择

实验动物对人类疾病的表达程度和对施加因素的反应情况，除了与动物自身的生理特征有关外，还受动物的状态（如是否饥饿、睡眠是否足够、是否患有其他疾病等）的影响。因此，实验时应选择健康、反应机敏、各方面条件尽量一致的动物作为观察对象。

4. 实验条件的选择

由于环境因素对实验结果有着很强的干扰作用，如明、暗（即光照周期）对体内代谢就有重要的影响。因此实验时，应尽量选择与受试动物自然生活环境一致的实验环境，或人为地将实验环境控制到符合实验条件的程度。

2.1.3　实验动物健康状态的判断标准

如前所述，实验动物健康是保证实验正常进行和获得预期实验结果的重要前提条件。学生在确定动物的健康状态时，可从以下几个方面着手。

（1）动物的皮毛颜色

健康动物的皮毛应清洁、柔软、有光泽，无污渍、无脱毛、无毛发蓬乱等。

（2）呼吸状态

动物多以腹式呼吸为主。健康的动物呼吸时腹部起伏均匀，无膨大隆起现象。

（3）外生殖器

健康的动物的外生殖器应无损伤、无感染、无异味及黏性分泌物。

（4）爪趾状态

健康动物的爪趾应无咬伤、无溃疡、无结痂等。

（5）一般状态

健康的动物应发育良好、眼睛有神、反应灵活、运动自如、食欲良好，眼结膜无充血，瞳孔等大清晰，鼻部无分泌物，无鼻翼扇动、打喷嚏，无腹泻，肛门处无毛发黏结等。

2.2　常用手术器械

2.2.1　蛙类手术器械

剪刀：粗剪刀，用于剪断骨骼、肌肉、皮肤等较硬或坚韧的组织；细剪刀或眼科剪刀，用于剪断神经和血管等细软组织。

圆头镊子：用于夹捏细软组织。

玻璃分针：用于分离血管和神经等。

金属探针：用于破坏脑和脊髓。

锌铜弓：用于检查神经肌肉标本的兴奋性。

蛙心夹：于心脏舒张期用其夹口夹住心尖，另一端通过丝线连于杠杆或张力换能器，用以标记心脏舒缩活动。

蛙板：分为 20 cm ×15 cm 的玻璃蛙板和木制蛙板。木制蛙板上有许多小孔，可用蛙腿夹夹住蛙腿并嵌入孔内固定，也可用蛙钉将蛙腿固定在蛙板上以便操作。为减少损伤，制备神经肌肉标本最好在清洁的玻璃蛙板上操作。

2.2.2　哺乳类动物手术器械

常用手术器械如图 2-1 所示。

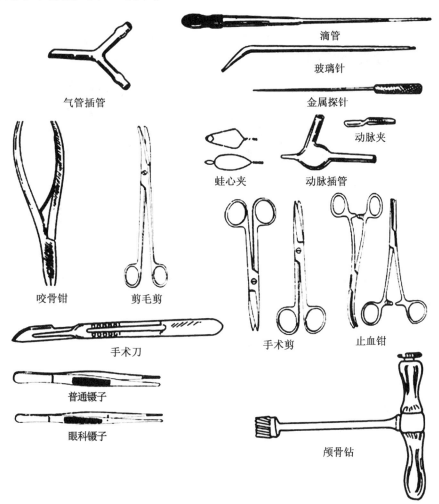

图 2-1　常用手术器械

1. 手术刀

手术刀用于切开皮肤和脏器。常用执刀手法如图 2-2 所示。

图 2-2　手术刀执刀手法

2. 手术剪

剪开皮肤、皮下组织和肌肉时使用直手术剪；剪毛用弯手术剪；剪开血管做插管时用眼科剪。图 2-3 所示为手术剪执剪姿势。

3. 镊子

夹捏较大、较厚的组织和牵拉皮肤切口时使用有齿镊子；夹捏细软组织（如血管、黏膜）用无齿镊子；做动（静）脉插管时，可用弯头眼科镊子扩张切口，以利于导管插入。图 2-4 所示为执镊姿势。

　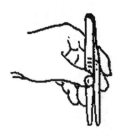

图 2-3　手术剪执剪姿势　　　　　图 2-4　执镊姿势

4. 其他常用手术器械

（1）止血钳

止血钳除用于止血外，有齿钳还可用于提拉皮肤，无齿钳可用于分离组织，蚊式钳可用于分离小血管及神经。

（2）咬骨钳

咬骨钳用于开颅腔或骨髓腔时咬切骨质。

（3）颅骨钻

颅骨钻为开颅时钻孔用。

（4）动脉夹

动脉夹用于隔断动脉血流，也可在兔耳缘静脉注射时用于固定针头。

（5）气管插管

急性实验时插入气管，以保证呼吸道通畅。

（6）血管插管

实验时插入血管，另一端接压力换能器或水银检压计以记录血压，插管管腔内不可有气泡，以免影响结果；静脉插管用于向动物体内注射药物和溶液。

2.3　急性动物实验的基本操作技术

2.3.1　动物手术的基本方法

1. 切口和止血

对于兔、猫、狗等动物，切开皮肤前必须剪毛。剪毛用弯头剪毛剪或粗剪刀，不可用组织及眼科剪。剪毛范围应大于切口长度，为避免剪伤皮肤，可一手将皮肤履平，另一手持剪刀平贴于皮肤逆着毛的朝向剪毛，剪下的毛应及时放入盛水的杯中浸湿，以免到处飞扬。

施行皮肤切口前，要选定切口部位和范围，必要时做标记。切口的大小根据实验要求而定。切皮时，手术者一手的拇指和食指绷紧皮肤，另一手持手术刀，以适当力度一次切开皮肤和皮下组织，直至肌层。用止血钳夹住皮肤切口边缘，暴露手术野，以利于进一步分离、结扎等操作。在手术过程中应保持手术野清晰，防止血肉模糊妨碍手术操作和实验观察。因此，应注意避免损伤血管，如有出血要及时止血。

止血的方法：① 对于组织渗血，可用温热盐水纱布压迫或电凝等方法；② 对于较大血管出血，应用止血钳夹住出血点及其周围少许组织，结扎止血；③ 对于骨组织出血，应先擦干创面，再及时用骨蜡填充堵塞止血；④ 因肌肉血管丰富，肌组织出血时要与肌组织一同结扎。为避免肌肉组织出血，在分离肌肉时，若肌纤维走向与切口一致，应钝性分离；若肌纤维走向与切口不一致，则应采取两端结扎、中间切断的方法。干纱布只能用于吸血和压迫止血，不能用来揩拭组织，以免损伤组织或导致已形成的血凝块脱落。

2. 神经和血管的分离

神经和血管都是易损伤的组织，在分离过程中要细心，动作要轻柔，以免损伤其结构与功能。切不可用有齿镊子进行剥离，也不可用止血钳或镊子夹持。分离时应遵循先神经后血管、先细后粗的原则。分离较大的神经和血管时，应先用纹式止血钳将其周围的结缔组织稍许分离，再用大小适宜的止血钳沿分离处插入，顺神经或血管的走向逐步扩大，直至将神经血管分离出来。在分离细小的神经或血管时，要用眼科镊子或玻璃分针谨慎操作，须特别注意保持局部的自然解剖位置，不要使解剖关系紊乱。如果需要切断血管分支，应采取两端结扎、中间剪断的方法。分离完后，在神经或血管的下方穿以浸透生理盐水的丝线，供刺激时提起或结扎使用。然后，盖上一块盐水纱布，防止组织干燥；或者在创口内滴加适量温热的液体石蜡［（37±1）℃］，使神经浸泡其中。图 2-5 所示为兔颈部神经、血管解剖位置示意图。

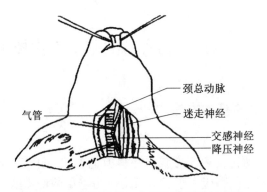

图 2-5　兔颈部神经、血管解剖位置示意图

2.3.2　各种插管技术

1. 气管插管术

（1）麻醉、固定：动物被麻醉后，将其以仰卧位固定，剪刀紧贴颈部皮肤依次将手术所需用部位的毛剪去。不可用手将毛提起，以免剪破皮肤。

（2）沿颈部下颌至锁骨上缘正中线做一长 5~7 cm 的皮肤切口，分离浅筋膜，暴露胸骨舌骨肌（注意：手术刀的用力要均匀，不可因用力过大、过猛而切断气管表面的肌肉组织）。

（3）将止血钳插入两侧胸骨舌骨肌之间，做钝性分离，将两条肌肉向两外侧缘牵拉并固定，以便充分暴露气管。用弯形止血钳将气管与背侧面的结缔组织分开，游离气管长约 7 cm，在其下面穿 4 号线备用（注意：穿线时应注意将气管与大血管和神经分开）。

（4）用手术刀或手术剪在喉头下 2~3 cm 处的气管两软骨环之间做一倒 "T" 形切口，气管上的切口不宜大于气管直径的 1/3。图 2-6 为气管插管示意图。

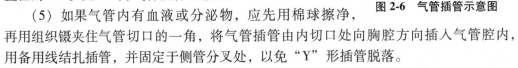

图 2-6　气管插管示意图

（5）如果气管内有血液或分泌物，应先用棉球擦净，再用组织镊夹住气管切口的一角，将气管插管由内切口处向胸腔方向插入气管腔内，用备用线结扎插管，并固定于侧管分叉处，以免 "Y" 形插管脱落。

2. 颈动脉插管术

（1）麻醉、固定：将动物麻醉后固定于手术台上。

（2）选择手术视野、剪毛：在动物下颌至锁骨范围内，紧贴动物颈部皮肤（切记不可提起动物的毛）小心地剪去动物的毛，并用浸泡过生理盐水的纱布清理手术范围。

（3）切开颈部皮肤：在沿下颌下 3 cm 至锁骨上 1 cm 处的手术视野内剪开皮肤，及时止血、结扎出血点。

（4）分离颈部浅筋膜：用止血钳将左右侧缘皮肤切口向外牵拉，以便充分暴露手术视野。用纹式止血钳或剪刀钝性分离浅筋膜，或在筋膜上无大血管的情况下剪开浅筋膜，暴露肌肉层等组织结构（注意：剪开或者切开的浅筋膜，应与皮肤切口的大小一致）。

（5）分离肌肉组织：当剪开浅筋膜后，迅速用直型止血钳夹住浅筋膜，并与皮肤固定在一起向外牵拉，充分暴露肌肉层等组织结构。此时，不要盲目地进行各种手术操作，应仔细寻找颈部组织解剖学的特殊结构。在气管的表面有两条肌肉组织的走向，一条为与气管走向一致，紧贴且覆盖于气管表面的胸骨舌骨肌，另一条为向侧面斜行的胸锁乳突肌。在这两条肌肉组织的汇集点插入弯止血钳，以上下左右的分离方式分离肌肉组织若干次后，即可清晰地暴露深部组织内的颈动脉血管鞘结构。

（6）游离颈总动脉：细心分离血管鞘膜，游离颈总动脉表面的各种神经纤维。在靠近锁骨端，分离出 3～4 cm 长的颈总动脉，并在其下面穿入两根 0 号线备用。当确定游离的颈总动脉有足够的长度时，结扎远心端的血管，待血管内血液充盈后，在近心端用动脉夹夹住颈总动脉，以便实施插入导管的手术。

（7）颈总动脉插管：在靠近颈总动脉的远心端血管处用眼科直剪成 45°角剪开血管直径的 1/3（注意：血管切口面一定要呈倾斜面，不能呈垂直面）。将弯型眼科组织镊的弯钩插入血管腔，轻轻挑起血管。此时，可见到颈总动脉的血管腔呈现一小"三角口"，迅速沿着此切口准确地插入带三通血管插管（深约 2.5 cm）后，在近心端结扎血管插管并放开动脉夹。利用远心端的结扎线再次结扎插管导管，记录血压信号。图 2-7 为颈总动脉插管示意图。

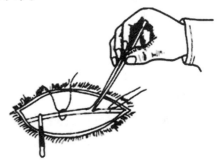

图 2-7　颈总动脉插管示意图

3. 颈静脉插管术

（1）麻醉、固定：将动物麻醉后固定于手术台上。

（2）选择手术视野：剪去动物下颌至锁骨处的皮毛，用浸泡过生理盐水的纱布清理手术范围。

（3）切开颈部皮肤：用组织镊轻轻提起两侧皮肤，沿下颌下 3 cm 至锁骨上 1 cm 处剪开约 1 cm 的小口，然后用止血钳紧贴皮肤向上钝性分离浅筋膜 2～4 cm，再用医用直剪刀剪开皮肤。用同样的方法向下分离浅筋膜，剪开皮肤 3～4 cm。手术中注意及时止血和结扎出血点。

（4）暴露颈外静脉：颈外静脉较浅，位于颈部皮下，切开颈部正中的皮肤组织后，只要轻轻提起左侧缘皮肤，用手指从皮肤外将一侧部分组织向外转，即可在胸锁乳突肌外缘处清楚地看到粗而明显的颈外静脉，沿血管走向用纹式止血钳钝性分离浅筋膜，暴露颈外静脉 3～5 cm，穿两根 0 号手术线备用。在靠近锁骨端用动脉夹夹闭颈外静脉的近心端，待血管内血液充盈后结扎颈外静脉的远心端。

（5）颈外静脉插管：颈外静脉插管前，首先将中心静脉压测定装置的"L"管零点放在与心脏同一水平面，测量插管到右心房入口处的长度，并在插管上用 4 号线做标记。然后用动脉夹夹住颈外静脉的近心端，结扎远心端，使其成为盲管。最后用眼科剪剪开静脉管径的一半，将充满生理盐水的塑料管向心插入静脉，用细线打一活结，松开动脉夹，将插管向心方向继续插至标记处。若水柱随呼吸出现相应升降，则表示插管已进入右心房入口处，此时用结扎线牢固结扎，并将结扎线在塑料管上再打结固定一次，记录正常中心静脉压。

4. 股静脉插管术

（1）麻醉、固定：将动物麻醉后固定于手术台上。

（2）选择手术视野：在动物下肢股部三角处，紧贴局部皮肤剪去皮毛，并用浸泡过生理盐水的纱布清理手术范围。

（3）切开股部皮肤：用手指触压动物股部，触其动脉搏动后，手持组织镊轻轻提起两侧皮肤，沿股三角内动脉搏动的走向剪开皮肤约 4 cm，及时结扎出血点。

（4）分离股部浅筋膜：家兔及犬的股部浅筋膜较薄，只要用弯型止血钳采取撑开筋膜的方法 1~2 次，即可暴露股三角解剖学的特征。然而大鼠类动物切开皮肤后会有一定的脂肪组织，此时可看到浅筋膜组织（相对透明的结缔组织），然后用眼科镊子钝性分离筋膜数次，直到清晰暴露股三角解剖学特征。

（5）游离股静脉血管：股三角区域由外向内分别为股神经、股动脉、股静脉，对于小动物，可利用眼科镊子细心地分离股部血管鞘膜，分离血管间的结缔组织，游离股静脉表面的神经；对于大动物，则需要借助小号纹式止血钳并配合眼科镊子分离股部血管鞘膜和血管间的结缔组织，游离股静脉表面的神经。直至在靠近远心端的区域分离出 2~4 cm 长的静脉血管，并在其下穿入两根 0 号手术线备用。当确定游离的股静脉有足够的长度时，用动脉夹夹住近心端的血管，待静脉血管内血液充盈后结扎远心端血管。

（6）股静脉插管：靠近远心端血管 0.3 cm 处，用医用眼科直剪成 45°角剪开血管直径的 1/3（注意：血管切口一定要呈斜切面，不能呈垂直面）。将弯型眼科组织镊的弯钩或特制的血管探针准确地插入血管腔，轻轻挑起血管，此时可见到静脉血管切口呈现一小"三角口"，迅速沿此切口准确地插入血管插管 1.5~2.5 cm（大动物），在近心端结扎血管插管后，利用远心端的结扎线再次结扎插管导管。

5. 输尿管插管术

（1）将动物麻醉后固定于手术台上。

（2）剪去腹部耻骨联合以上部分皮毛。

（3）在耻骨联合上缘约 0.5 cm 处沿腹白线切开腹壁肌肉层组织（注意：勿伤及腹腔内脏器官）。基本方法：沿腹白线在腹壁切开约 0.5 cm 长的小口，用止血钳夹住切口边缘并提起。用手术刀柄上下划动腹壁数次（分离腹腔脏器），然后向上、向下切开腹壁组织 3~4 cm。

（4）寻找膀胱（如果膀胱充盈，可用 50 mL 注射器将尿液抽出），将其向上翻移至腹外，分辨输尿管进入膀胱背侧的部位（即膀胱三角）后，细心地用玻璃分针分离出一侧输尿管。

（5）在输尿管靠近膀胱处用丝线扣一松结备用，在离此约 2 cm 处的输尿管正下方穿一根线，用眼科剪剪开输尿管（约为输尿管管径的 1/2），用镊子夹住切口的一角，向肾脏方向插入充满生理盐水的输尿管导管，用丝线在切口前后结扎固定，防止导管滑脱，平放输尿管导管，直到导管出口处有尿液慢慢流出。

（6）同步骤（5）插入另一侧输尿管导管。

（7）手术结束后，用温热（38 ℃左右）的浸泡过生理盐水的纱布覆盖腹部切口，以保持腹腔的温度。如果需要长时间收集尿样本，应关闭腹腔［可用皮肤钳钳夹腹腔切口（双侧）关闭腹腔或用缝合方式关闭腹腔］。

6. 心导管插管术

心导管插管术通常有两种，即右心导管插管术和左心导管插管术。经静脉插入导管至右心腔，称为右心导管插管术；经动脉逆行插入导管至左心腔，称为左心导管插管术。现只对右心导管插管术做简要介绍。

（1）选择手术视野：在家兔或大鼠下颌至锁骨上缘的范围内剪去被毛，用浸泡过生理盐水的纱布清理手术范围。

（2）切开颈部皮肤：手持组织镊轻轻提起两侧皮肤，在沿下颌下 2 cm 至锁骨上 1 cm 处剪开约 1 cm 的小口后，止血钳贴紧皮肤，向下钝性分离浅筋膜 3~4 cm，再用医用剪刀剪开皮肤。用同样的方法向下分离浅筋膜，剪开皮肤 3~4 cm，及时止血或结扎出血点。

（3）暴露颈总动脉：轻轻提起左侧缘皮肤切口，在胸锁乳突肌外缘处可清楚地看到颈总动脉的走向。沿颈总动脉走向用纹式止血钳钝性分离浅筋膜，暴露颈总动脉 3~5 cm。在靠近锁骨端用动脉夹夹闭近心端颈总动脉，血管的远心端穿一根 0 号手术线备用，待血管内血液充盈后用手术线结扎颈总动脉的远心端。

（4）颈总静脉插管：测量切口到心脏的距离，并在心导管上做好标记，作为插入导管长度的参考。用液体石蜡润湿心导管表面，降低插管时心导管与血管之间的摩擦阻力。靠近远心端血管处用医用眼科剪成 45°角剪开血管直径的 1/3，将弯型眼科组织镊的弯钩插入血管内轻轻挑起血管，此时可见到颈总静脉血管腔，迅速插入心导管约 2.5 cm 后在近心端结扎血管，放开动脉夹。需要注意的是，此时结扎血管的原则是既要保证血管切口处无渗血现象，又要保证心导管可以顺利地插入。

（5）心导管的插入：将心导管插入颈总静脉后，需要平行地继续推送导管 5~6 cm。此时会遇到接触锁骨的阻力，应将心导管提起成 45°角后退约 0.5 cm，再继续插入导管至心导管上所做标记处。插管时若出现一种"落空"的感觉，则表示心导管已进入右心室，此时应借助显示器上或记录仪上图形的变化，判断心导管是否已进入右心室。

（6）心导管的固定：在近心端处重新牢固地结扎血管，在远心端处将结扎血管的手术线结扎到导管上，起到加固的作用，清理手术视野。

（7）心导管位置的判断：将血压换能器与三通管连接好，并确认连接牢固，然后打开三通管的阀门，依据计算机屏幕显示的图像和波幅的变化，判断心导管所处的位置。

2.3.3　实验动物常用采血术

由于实验动物解剖结构和体型存在差异及所需血量不同，所以采血方法不尽相同。

1. 兔

（1）耳缘静脉采血

耳缘静脉可供采取少量静脉血样。

（2）心脏穿刺采血

将家兔仰卧位固定，剪去心前区被毛，用碘酒消毒皮肤。术者用装有7号针头的注射器在其胸骨左缘第三肋间或在心脏搏动最显著部位刺入心脏，刺入心脏后血液一般会自动流入注射器，或者边刺入边抽吸，直至抽出血液。采完血后迅速拔出针头，心脏采血一次可获得20~25 mL血样。

如果需要抗凝血样，应事先在注射器或毛细管内加入适量抗凝剂，如枸橼酸钠或肝素，使它们均匀浸润注射器或毛细管内壁，然后烘干备用。

2. 大白鼠和小白鼠

（1）尾静脉采血

固定白鼠，露出其尾部，用二甲苯擦拭尾部皮肤或将鼠尾浸于45~50 ℃的热水中数分钟，使其血管充分扩张，然后擦干，用剪刀剪去尾尖数毫米（小白鼠1~2 mm，大白鼠5~10 mm），让血自行流出，也可从尾根向尾尖轻轻挤压，促进血液流出，同时收集血样，采血后用棉球压迫止血。图2-8为切破静脉采血法，该方法采血量较少。

(a) 剪去尾尖数毫米   (b) 采血

图 2-8　切破静脉采血法

如果实验需要间隔多次采血，每次采血可将鼠尾剪去很小一段。采血后，用棉球压迫止血，并立即将6%液体火棉胶涂于尾部伤口处，使之结一层火棉胶薄膜，保护伤口。

此外，也可用尾静脉交替切割法间隔多次采血。方法是用锋利的手术刀片在鼠尾部切一小口，切破一段尾静脉，血液即从伤口流出。此法每次可采0.3~0.5 mL血液，可用于一般常规实验。尾部的三条静脉可交替切割，并由尾尖部向尾根部逐次切割，以保证连续多次使用。切割后用棉球压迫止血，约3天后即可结痂痊愈。此法在大白鼠采血时较常使用，采血效果较好。

（2）眼球后静脉丛采血

用左手抓持白鼠，拇指、中指从背侧稍用力捏住其头颈部皮肤，阻断静脉回流，食指压迫其头部以固定，右手将一特制的毛细吸管（管长7~10 cm，一端管径为0.6 mm，壁厚为0.3 mm，另一端逐渐扩大呈喇叭形）自眼内角点（眼睑和眼球之间）插入，并沿眼眶壁向眼底方向旋转插进，直至有静脉血自动流入毛细吸管，取到需要的血样后，拔出吸管。图2-9所示为眼眶后静脉丛采血

图 2-9　眼眶后静脉丛采血法

法。为防止血管凝固，采血前可用 1% 肝素溶液润湿吸管内壁。采血后，将吸管拨出，同时放松左手使出血停止。此采血法一次可采小白鼠血液 0.2 mL、大白鼠血液 0.5 mL，一般不发生术后穿刺出血或其他合并症。还可根据实验需要，于数分钟后在同一穿刺孔处重复采血。除小、大白鼠外，豚鼠和兔也可从眼眶后静脉丛采血。

（3）心脏采血

心脏采血适用于取血量较大的实验，方法与家兔心脏穿刺采血相同，但所用针头可稍短一些。

（4）血管插管采血

插管方法详见图 2-7，此方法可在慢性实验中反复采血。

3. 狗和猫

一般采用前、后肢皮下静脉采血，方法同静脉注射法。需要注意的是，抽血时速度要慢，以防针口吸着血管壁。此法一次一般可抽取 10～20 mL 血液。此外，还可采用颈静脉、颈动脉、股动脉采血法。如果实验需要抽取大量血液，也可用心脏采血法，具体方法与家兔的心脏穿刺采血基本相同。

2.3.4　实验动物给药途径

1. 经口给药

（1）口服法

口服法是指将能溶于水且在水溶液中较稳定的药物放入动物饮水中，将不溶于水的药物混于动物饲料内，由动物自行摄入。该方法的优点是操作简单，给药时动物接近自然状态，不会引起动物应激反应，适用于多数动物慢性药物干预实验，如抗高血压药物药效、药物毒性的测试等；缺点是动物饮水和进食过程中会有部分药物损失，药物摄入量计算不准确，而且动物本身的状态、饮水量和摄食量不同，药物摄入量不易保证，影响药物作用分析的准确性。

（2）灌服法

灌服法是指将动物适当固定，强迫其摄入药物。这种方法能准确把握给药时间和剂量，及时观察动物的反应，适用于急性和慢性动物实验，但经常强制性操作易引起动物的不良生理反应，若操作不当可导致动物死亡，故实验者应熟练掌握该项技术。强制性给药方法主要有两种。

① 固体药物口服：一人操作时用左手从背部抓住动物头部，同时用拇指和食指压迫动物口角部位使其张口，右手用镊子夹住药片放于动物舌根部位，然后让动物闭口吞咽药物。

② 液体药物灌服：小白鼠与大白鼠一般由一人操作，操作者左手捏住小白鼠头、颈、背部皮肤或握住大白鼠以固定动物，使动物腹部朝向操作者，右手将连接注射器的硬质胃管从其口角处插入口腔，用胃管将动物头部稍向背侧压迫，使口腔与食管成一条直线，将胃管沿上颚壁轻轻插入食道（小白鼠一般用 3 cm 长的胃管，大白鼠一般用 5 cm 长的胃管）。插管时应注意动物反应，若插入顺利，则动物安静，呼吸正常，可注入药物；若动物剧烈挣扎或插入有阻力，则应拔出胃管重插，如果将药物灌入气管，会导致动物立即死亡。图 2-10 所示为小白鼠灌服法。

图 2-10　小白鼠灌服法

2. 注射给药

（1）皮下注射

皮下注射是指将药物注射于动物皮肤与肌肉之间，该法适用于所有哺乳动物。皮下注射给药一般应由两人操作（熟练者也可一人完成），助手固定动物，操作者用左手捏起动物皮肤，形成皮肤褶皱，右手持注射器刺入褶皱皮下，将针头轻轻左右摆动，若摆动容易，则表示确已刺入皮下，轻轻抽吸注射器，确定没有刺入血管后将药物注入。拔出针头后应轻轻按压针刺部位，以防药液漏出，并可促进药物吸收。图 2-11 所示为小白鼠皮下注射法。

图 2-11　小白鼠皮下注射法

（2）肌内注射

肌肉血管丰富，药物吸收速度快，几乎所有水溶性和脂溶性药物都可选择肌内注射，特别适用于狗、猫、兔等肌肉发达的动物。而小白鼠、大白鼠、豚鼠因肌肉较少，肌内注射稍有困难，必要时可选股部肌肉。肌内注射一般由两人操作（小动物也可由一人完成），助手固定动物，操作者用左手手指轻压注射部位，右手持注射器刺入肌肉，回抽针栓，若无回血，则表明未刺入血管，将药物注入，然后拔出针头，轻轻按摩注射部位，促进药物吸收。

（3）腹腔注射

腹腔吸收面积大，药物吸收速度快，多种刺激性小的水溶性药物可选择腹腔注射，它是啮齿类动物的常用给药途径之一。腹腔注射穿刺部位一般选在下腹部正中线两侧，该部位无重要器官。腹腔注射可由两人完成（熟练者也可一人完成），助手固定动物，并使其腹部向上，操作者将注射器针头在选定部位刺入皮下，然后使针头与皮肤成 45°角缓慢刺入腹腔，如果针头与腹内小肠接触，小肠一般会自动移开，故腹腔注射较为安全。刺入腹腔时，操作者会有阻力突然减小的感觉，再回抽针栓，确定针头未刺入小肠、膀胱或血管后，缓慢注入药液。图 2-12 所示为小白鼠腹腔注射法。

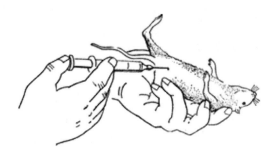

图 2-12　小白鼠腹腔注射法

（4）静脉注射

静脉注射是将药物直接注入血液，无须经过吸收阶段，药物作用最快，是急、慢性动物实验最常用的给药方法。静脉注射给药时，不同种类的动物由于解剖结构不同，应选择不同的静脉血管。

① 兔耳缘静脉注射

将家兔置于兔固定箱内，没有兔固定箱时可由助手将家兔固定在实验台上，并特别注意兔头不能随意活动。剪去兔耳外侧缘被毛，用乙醇轻轻擦拭或轻揉耳缘局部，使耳缘静脉充分扩张。操作者左手拇指和中指捏住兔耳尖端，食指垫在兔耳注射处的下方（或食指、中指夹住耳根，拇指和无名指捏住兔耳尖端），右手持注射器由近耳尖处将针（6 号或 7 号针头）刺入血管。再沿着血管腔向心脏端刺进约 1 cm，回抽针栓，如果有血表示确已刺入静脉，左手拇指、食指和中指将针头和兔耳固定好，右手缓慢推注药物入血液。如果感觉推注阻力很大，并且局部肿胀，表示针头已滑出血管，应重新穿刺。兔耳缘静脉穿刺时应尽可能从远心端开始，以便重复注射。图 2-13 所示为兔耳缘静脉注射法。

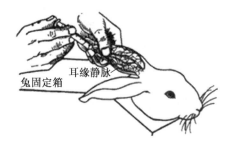

兔固定箱　　耳缘静脉

图 2-13　兔耳缘静脉注射法

② 小白鼠与大白鼠尾静脉注射

小白鼠尾部有三条静脉，两侧和背部各一条，两侧的尾静脉更适合静脉注射。注射时先将小白鼠置于鼠固定筒内或扣在烧杯中，让尾部露出，用乙醇或二甲苯反复擦拭尾部或将尾部浸于 40~50 ℃的温水中 1 min，使尾静脉充分扩张。操作者用左手拉鼠尾尖部，右手持注射器（以 4 号针头为宜）将针头刺入尾静脉，然后左手捏住鼠尾和针头，右手注入药物。如果推注阻力很大，局部皮肤变白，表示针头未刺入血管或滑脱，应重新穿刺，注射药液量以 0.15 mL/只为宜。幼年大白鼠也可做尾静脉注射，方法与小白鼠尾静脉注射相同，但成年大白鼠尾静脉穿刺较困难，不宜采用尾静脉注射。

图 2-14 所示为小白鼠尾静脉注射法。

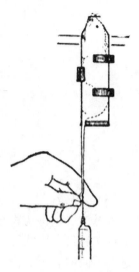

2.3.5 实验动物处死方法

（1）颈椎脱臼法

颈椎脱臼法常用于小白鼠，操作者左手持镊子或用拇指、食指固定鼠头后部，右手捏住鼠尾，用力向后上方牵拉，听到鼠颈部发出"咔嚓"声即表示颈椎脱位、脊髓断裂，鼠瞬间死亡。

（2）断头、毁脑法

对于蛙类，可用剪刀剪去其头部，或用金属探针经枕骨大孔破坏脑和脊髓致死。大鼠和小鼠也可用断头法处死，操作者须戴手套，双手分别抓住鼠头与鼠身，拉紧并暴露颈部，由助手持剪刀，从颈部剪断鼠头。

图 2-14 小白鼠尾静脉注射法

（3）空气栓塞法

操作者用 50~100 mL 注射器迅速向实验动物静脉血管注入空气，气体栓塞血管可使动物死亡。使猫与家兔致死的空气量为 20~40 mL，狗为 80~150 mL。

（4）放血法

放血法处死动物较为安静，对动物内脏器官无损伤，是同时采集病理标本和血液的一种较好的方法。

① 鼠

可摘除眼球，从眼眶动静脉大量放血致死。

② 家兔和猫

可在麻醉状态下切开其颈部，分离出颈总动脉，用止血钳或动脉夹夹闭两端，在其间剪断血管后，缓慢打开止血钳或动脉夹，轻压胸部即可迅速放出大量血液，动物立即死亡。

③ 狗

在麻醉状态下，可横向切开股三角区，切断股动静脉，使血液喷出，同时用自来水冲洗出血部位，防止血液凝固，几分钟后动物死亡。

注意：处死的实验动物不能食用。

第二部分

基础性实验

第3章 神经与肌肉生理

实验 3.1 坐骨神经-腓肠肌标本的制备

坐骨神经标本的制备

Q 你知道吗?

◆ 离体的神经肌肉标本还能保持活性吗?

◆ 要想使离体的神经肌肉标本保持活性,应该注意哪些问题?

◆ 任氏液含有哪些成分? 它有什么功能?

实验目的

(1) 学习蛙类动物单毁髓与双毁髓的处死方法。

(2) 学习并掌握蛙类坐骨神经-腓肠肌标本的制备方法,获得兴奋性良好的标本。

实验原理

蛙类的一些基本的生命活动规律与恒温动物的相似,而维持其离体组织正常活动所需的理化条件比较简单,易于建立和控制。在实验中常用蟾蜍或蛙的坐骨神经-腓肠肌标本来观察兴奋与兴奋性、刺激与肌肉收缩等基本生命现象和过程。因此,制备坐骨神经-腓肠肌标本是机能实验中必须掌握的一项基本技术。

实验对象

蟾蜍、青蛙或人工养殖的牛蛙

药品与器材

任氏液、常用手术器械、蜡盘、蛙板、玻璃板、固定针、锌铜弓、培养皿、滴管、纱布、棉线。

方法与步骤

1. 破坏脑和脊髓

取蟾蜍一只,用自来水冲洗干净。左手握住蟾蜍,用食指按压其头部前端,拇指按压背部,右手持探针于枕骨大孔处垂直刺入,然后向前通过枕骨大孔刺入颅腔,左右搅动,充分捣毁脑组织。然后将探针抽回至进针处,再向后刺入脊椎管,反复提插捣毁脊髓。此时如果蟾蜍四肢松软，呼吸消失，表明脑和脊髓已完全被破坏，否则应重复上述操作，直至脑和脊髓完全被破坏。图 3-1 和 3-2 分别为双毁髓和横断脊柱的操作图。

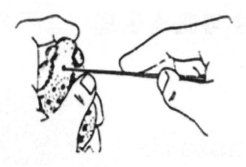

图 3-1　双毁髓

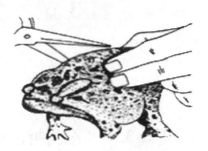

图 3-2　横断脊柱

2. 剪除躯干上部及内脏

在骶髂关节水平以上 1~2 cm 处剪断脊柱，左手握住蟾蜍后肢，用拇指压住骶骨，使蟾蜍的头与内脏自然下垂，右手持普通剪刀，沿脊柱两侧剪除内脏及头胸部，留下后肢、骶骨、脊柱及紧贴于脊柱两侧的坐骨神经。剪除过程中注意勿损伤坐骨神经。图 3-3 所示为剪除躯干上部及内脏操作图。

3. 剥皮

左手握紧蟾蜍脊柱断端（注意不要握住或压迫神经），右手握住其上的皮肤边缘，用力向下剥掉全部皮肤（图 3-4）。

把标本放在盛有任氏液的培养皿中。将手及用过的剪刀、镊子等手术器械全部洗净。

图 3-3　剪除躯干上部及内脏

4. 分离两腿

用镊子夹住脊柱将标本提起，使其背面朝上，剪去向上突起的尾骨（注意勿损伤坐骨神经）。然后沿正中线用剪刀将脊柱和耻骨联合中央劈开，并完全分离两侧大腿，注意保护脊柱两侧灰白色的神经。将蟾蜍两条腿浸入盛有任氏液的培养皿中。

5. 制作坐骨神经-腓肠肌标本

取蟾蜍的一条腿放置于蛙板上或置于蛙板上的小块玻璃板上。

图 3-4　剥去皮肤

（1）游离坐骨神经

将腿标本腹面朝上放置。用玻璃分针沿脊柱旁游离坐骨神经，并于近脊柱处穿线结扎神经。再将标本背面朝上放置，剪去梨状肌及其附近的结缔组织。沿坐骨神经沟（股二头肌与半膜肌之间的裂缝处）找出坐骨神经的大腿段（图 3-5）。用玻璃分针仔细剥离，然后从脊柱根部将坐骨神经剪断，手执结扎神经的线将神经轻轻提起，剪断坐骨神经的所有分支，并将神经一直游离至腘窝。

（2）完成坐骨神经小腿标本

将游离干净的坐骨神经搭于腓肠肌上，在膝关节周围剪掉全部大腿肌肉，并用普通剪刀将股骨刮干净。然后从股骨中部剪去上段股骨，保留的部分就是坐骨神经小腿标本。

（3）完成坐骨神经-腓肠肌标本

将上述坐骨神经小腿标本在跟腱处穿线结扎后，于结扎处远端剪断跟腱。游离腓肠肌至膝关节处，然后从膝关节处将小腿其余部分剪掉，这样就制得一个具有附着在股骨上的腓肠肌并带有支配腓肠肌的坐骨神经的标本（图 3-6）。

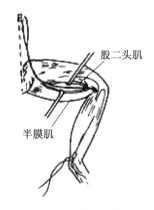

图 3-5　分离坐骨神经

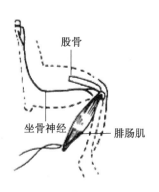

图 3-6　坐骨神经-腓肠肌标本

6. 检测标本兴奋性

用经任氏液湿润的锌铜弓轻轻接触一下坐骨神经，若腓肠肌发生迅速而明显的收缩，则表明标本的兴奋性良好，可将标本放在盛有任氏液的培养皿中，以备实验用。若无锌铜弓，也可用中等强度的单个电刺激检测神经肌肉标本的兴奋性。

⚠ 注意事项

（1）操作过程中，勿污染、压榨、损伤、过度牵拉神经和肌肉。

（2）经常给神经肌肉滴加任氏液，防止其表面干燥，以保持其正常的兴奋性。

📋 思考题

（1）剥去皮肤的动物后肢能用自来水冲洗吗？为什么？

（2）金属器械碰压或损伤神经与腓肠肌，可能引起哪些不良后果？

（3）如何保持标本的机能正常？

📋 讨论题

（1）如果你制作的标本没有检测到兴奋性，可能的原因有哪些？

（2）你认为坐骨神经-腓肠肌标本的制作方法有哪些需要改进的地方？请说出你的想法。

实验 3.2　观察刺激强度与骨骼肌收缩反应的关系

刺激强度实验现象

你知道吗?

◆ 神经肌肉组织有哪些特性?

◆ 引起神经组织兴奋的条件有哪些?

实验目的

(1) 学习肌肉实验的电刺激方法及肌肉收缩的记录方法。

(2) 观察电刺激强度与肌肉收缩反应的关系。

实验原理

活组织具有兴奋性,能接收刺激发生反应。刺激要能引起组织发生反应,必须有足够的强度、足够的持续时间和一定的强度变化率。如果保持刺激持续时间及强度变化率不变,那么引起反应所需的最小刺激强度称为阈值。组织兴奋性的高低通常用阈值来度量,兴奋性高的组织阈值小,兴奋性低的组织阈值大。强度为阈值的刺激称为阈刺激。

腓肠肌是由许多兴奋性高低不同的肌纤维组成的。如果用单个电脉冲刺激坐骨神经-腓肠肌标本的坐骨神经干或直接刺激肌肉,称刚能引起肌肉产生收缩反应(即兴奋性最高的那部分神经和肌肉发生兴奋)的刺激强度为阈值。随着刺激强度的增加,参与反应的神经和肌肉的数量增加,肌肉的收缩程度也相应地增大,这时的刺激强度称为阈上刺激,当刺激强度增大到某一数值时,肌肉出现最大的收缩反应。如果继续增加刺激强度,肌肉的收缩反应的程度不再增大,那么称这种能引起肌肉产生最大收缩反应的最小刺激为肌肉收缩的最大刺激。

实验对象

蟾蜍、青蛙或人工养殖的牛蛙

药品与器材

任氏液、常用手术器械、生物信号采集与处理系统、张力换能器、支架、双凹夹、肌槽、不锈钢盘或培养皿、滴管、蛙钉、棉线。

方法与步骤

1. 坐骨神经-腓肠肌标本的制备

标本的制备方法有两种,一种是制作成离体的坐骨神经-腓肠肌标本(实验 3.1),另一种是制作成在体的坐骨神经-腓肠肌标本。在体标本的制作步骤如下:

(1) 取一只蟾蜍,洗净,按操作程序破坏脑和脊髓。

（2）剥离一侧下肢自大腿根部起的全部皮肤，然后将蟾蜍腹位固定于蛙板上。

（3）于股二头肌与半膜肌的肌肉缝内游离坐骨神经，并在神经下穿线备用，然后分离腓肠肌的跟腱并穿线结扎，连同结扎线将跟腱剪下，一直将腓肠肌分离到膝关节。

（4）在膝关节旁钉蛙钉，固定膝关节，在体标本即制备完毕。

2. 连接仪器与标本

连接仪器与标本的方式有两种，如图 3-7 所示。

（1）对于离体标本：将肌槽、张力换能器用双凹夹固定于支架上，将标本的股骨残端插入肌槽的小孔内并固定，将腓肠肌跟腱上的连线连于张力换能器的应变片上（暂不要将线拉紧）。夹住脊椎骨碎片，将坐骨神经轻轻平搭在肌槽的刺激电极上。

（2）对于在体标本：可将腓肠肌跟腱上的连线连于张力换能器的应变片上（暂不要将线拉紧），将穿有线的坐骨神经轻轻提起，放在保护电极上，并保证神经与电极接触良好。调整换能器高度，使肌肉处于自然拉长的状态（不宜过紧，但也不要太松）。

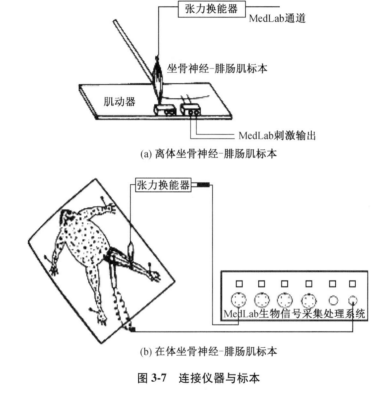

(a) 离体坐骨神经-腓肠肌标本

(b) 在体坐骨神经-腓肠肌标本

图 3-7　连接仪器与标本

3. 生物信号采集与处理系统操作步骤

从系统中选择"实验项目—神经肌肉生理实验—刺激强度与反应关系实验"模式，选用适当的最初刺激强度，采用程控或非程控刺激方式，调节适当的刺激间隔和刺激增量，观察在不同的刺激下肌肉收缩幅度的变化，找出最小刺激和最大刺激。

4. 观察实验结果

刺激强度与骨骼肌收缩反应的关系如图 3-8 所示，记录实验数据，并填入表 3-1。

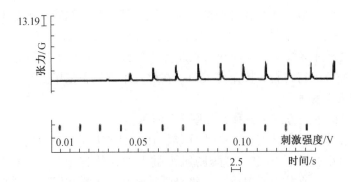

图 3-8　刺激强度与骨骼收缩反应的关系

表 3-1　刺激强度与骨骼肌收缩反应的关系

实验次数	刺激强度/mV	收缩幅度/mm

⚠ 注意事项

（1）整个实验过程中要不断给标本滴加任氏液，防止标本干燥，使其保持兴奋性。

（2）每两次刺激之间应让标本休息 0.5~1 min。

（3）操作过程中，应避免强力牵拉、手捏或夹伤神经肌肉。

（4）如果肌肉在未给刺激时就出现痉挛，可能是仪器带电或静电感应等原因引起的，应检查仪器接地是否良好。

💡 可能出现的问题与解释

◇ 问题 1：未能找出最大刺激。

解释：虽已将刺激强度调至最大，但经液体介质短路后输出，强度有所降低，此时可增大刺激波宽。

◇ 问题 2：单收缩曲线忽高忽低。

解释：标本在任氏液中浸泡的时间不够，兴奋性不稳定；肌槽上液体堆积过多造成短路，使刺激强度不稳。

◇ 问题 3：标本发生不规则收缩或痉挛。

解释：肌槽不干净，留有刺激物（如盐渍）；周围环境干扰；仪器接地不良或人体感应带电，接触潮湿台面或支架等。

📋 思考题

（1）如何保持标本在实验过程中的机能稳定？

（2）何为标本的最适刺激强度？

（3）制作的标本的兴奋性如何？其指标是什么？

（4）引起组织兴奋的刺激必须具备哪些条件？

讨论题

（1）同一标本的阈刺激强度与最适刺激强度是否会发生变化？为什么？

（2）实验过程中标本的阈值是否会改变？为什么？

实验 3.3　观察骨骼肌电兴奋与收缩的时相关系

你知道吗?

◆ 骨骼肌受到刺激后会发生哪些变化? 这些变化之间的先后次序是怎样的?

实验目的

(1) 学习同时记录骨骼肌电兴奋与机械收缩的方法。

(2) 了解骨骼肌电兴奋与收缩的时相关系。

实验原理

骨骼肌受到刺激时先发生电兴奋,随后才发生收缩反应。同时记录骨骼肌的电兴奋和收缩过程,即可观察到两者之间的关系。

实验对象

蟾蜍、青蛙或人工养殖的牛蛙

药品与器材

任氏液、常用手术器械、生物信号采集处理系统、张力换能器、双针形露丝刺激电极、针形肌电引导电极、支架、双凹夹、肌槽、不锈钢盘或培养皿、滴管、棉线。

方法与步骤

(1) 制备坐骨神经-腓肠肌标本,浸于任氏液中备用。

(2) 按实验 3.2 的方法准备仪器并连接张力换能器,张力换能器接入 2 通道。

(3) 将肌电引导电极置于刺激电极上方并插入肌肉内,输入端接通 1 通道。

(4) 在系统中选择"实验项目—神经肌肉生理实验—电兴奋与收缩时相关系实验"模式,记录并观察肌电信号与肌肉收缩曲线的关系。

(5) 在不同刺激方式下,记录肌肉收缩、肌电或神经电之间的关系。

(6) 分别测量刺激开始至出现肌电信号和肌肉收缩的时间。

思考题

(1) 从刺激开始到肌电出现,标本内部发生了哪些变化?

(2) 从肌电出现到肌肉收缩,肌肉内部又产生了什么生理活动?

(3) 分析神经兴奋、肌肉兴奋与肌肉收缩有何不同。

刺激频率实验现象

实验 3.4　观察骨骼肌收缩的总和与强直收缩

Q 你知道吗?

◆ 骨骼肌一次完整的收缩反应分为哪几个时相?

◆ 当刺激分别落在不同的时相时, 会出现什么现象?

实验目的

(1) 了解骨骼肌收缩的总和现象。

(2) 观察不同频率的阈上刺激引起的肌肉收缩形式的改变。

实验原理

两个同等强度的阈上刺激相继作用于神经-肌肉标本, 若刺激间隔大于单收缩的时程, 则肌肉出现两个分离的单收缩; 若刺激间隔小于单收缩的时程而大于不应期, 则出现两个收缩反应的重叠, 称为收缩的总和。当同等强度的连续阈上刺激作用于标本时, 则出现多个收缩反应的叠加, 此为强直收缩。当后一收缩发生在前一收缩的舒张期时, 称为不完全强直收缩; 当后一收缩发生在前一收缩的收缩期时, 各自的收缩完全融合, 肌肉出现持续的收缩状态, 称为完全强直收缩。

实验对象

蟾蜍、青蛙或人工养殖的牛蛙

药品与器材

任氏液、常用手术器械、生物信号采集处理系统、张力换能器支架、双凹夹、肌槽、培养皿、滴管、棉线。

方法与步骤

1. 制备坐骨神经-腓肠肌标本

按照实验 3.1 的方法与步骤制备坐骨神经-腓肠肌标本, 制备好后浸于任氏液中数分钟, 稳定后备用。

2. 连接仪器与标本

将标本的股骨残端插入生理肌槽的螺丝孔内固定, 将腓肠肌跟腱的连线拴在张力换能器的应变片上, 并将张力换能器固定于支架上, 调整肌肉呈自然拉长的状态, 将坐骨神经轻轻放在肌槽的刺激电极上。

3. 生物信号采集与处理系统操作步骤

在系统中选择"实验项目—神经肌肉生理实验—刺激频率与反应关系实验"模式, 调节参数, 绘制单收缩、不完全强直收缩、完全强直收缩曲线。

4. 观察实验结果

刺激频率与收缩形式的关系如图 3-9 所示。

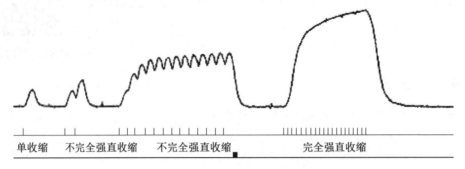

| 单收缩 | 不完全强直收缩 | 不完全强直收缩 | 完全强直收缩 |

图 3-9　刺激频率与收缩形式的关系

⚠ 注意事项

（1）实验过程中要经常给标本滴加任氏液，使标本保持良好的兴奋性。

（2）当刺激神经引起的肌肉收缩不稳定时，可直接刺激肌肉。

（3）如果肌肉收缩的幅度较大并超过了分区显示范围，可使用扩展屏幕功能。

💡 可能出现的问题与解释

◇ 问题：随着刺激频率的增加，肌肉复合收缩的幅度不升高反而下降，为什么？

解释：标本保护不当，肌肉受损或疲劳；刺激频率过高。

📑 思考题

（1）何为单收缩？单收缩的潜伏期包括哪些时间因素？对于有神经和无神经的标本有何差异？

（2）何为不完全强直收缩和完全强直收缩？它们是如何形成的？

（3）何为临界融合刺激频率？

📑 讨论题

（1）肌肉收缩张力曲线融合时，神经干细胞的动作电位是否也发生融合？为什么？

（2）为什么刺激频率增大，肌肉收缩的幅度也增大？

实验 3.5　神经干复合动作电位的观察与记录

神经干动作电位实验现象

Q 你知道吗?

◆ 坐骨神经干有什么特点?

◆ 坐骨神经干动作电位可分为哪几个相位?

实验目的

（1）学习电生理学实验方法。

（2）观察蛙坐骨神经干复合动作电位的波形，了解其产生的基本原理。

实验原理

动作电位是神经纤维兴奋的标志。动作电位产生后会沿着细胞膜扩布，动作电位通过位于神经干表面的引导电极时，便可记录这种电位波动。根据引导方式的不同，动作电位波形可呈双相或单相。

神经干由许多神经纤维组成，各个神经纤维的兴奋阈值、传导速度都不同，本实验引导的是坐骨神经干的复合动作电位，因此，记录的动作电位的幅度与刺激强度有关，即在阈刺激和最大刺激之间，动作电位幅值随刺激强度的增大而递增。当刺激强度达到最大值时，所有的神经纤维都兴奋，动作电位幅度将达到最大值。

当动作电位先后通过两个引导电极时，可记录两个方向相反的电位偏转波形，称双相动作电位。如果两个引导电极之间的神经组织有损伤，兴奋波只通过第一个引导电极而不传导到第二个引导电极，就只能记录一个方向的电位偏转波形，称单相动作电位。

实验对象

蟾蜍、青蛙或人工养殖的牛蛙

药品与器材

任氏液、常用手术器械、生物信号采集处理系统、神经屏蔽盒。

方法与步骤

1. 制备坐骨神经干标本

坐骨神经干标本的制备方法和坐骨神经-腓肠肌标本类似。沿脊柱两侧用玻璃分针分离坐骨神经，于靠近脊柱处穿线、结扎、剪断。轻轻提起结扎线，逐一剪去神经分支。在坐骨神经游离到膝关节处后向下继续剥离，在腓肠肌两侧肌沟内找到胫神经和腓神经，剪去任一分支，分离留下的一支直到足趾，尽可能分离长一些，用线结扎，在结扎的远端剪断。坐骨神经在经过膝关节时，上面覆盖有肌腱和肌膜，分离时切勿剪断或损伤神经。标本制成后，浸于任氏液中数分钟，待其兴奋性稳定后备用。

2. 连接实验装置

将神经干标本置于神经屏蔽盒中，神经干的中枢端（粗端）置于刺激电极位置，外周端（细端）置于引导电极位置，如图 3-10 所示。

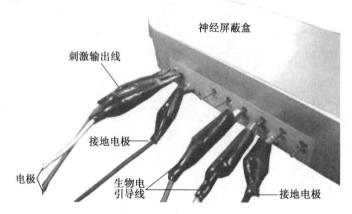

图 3-10　连接实验装置

3. 生物信号采集与处理系统操作步骤

在系统中选择"实验项目—神经肌肉生理实验—动作电位的观察实验"模式，选用适当的刺激强度，记录动作电位。

4. 观察实验结果

（1）动作电位的基本波形如图 3-11 所示。

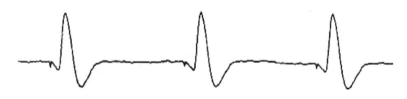

图 3-11　动作电位的基本波形

（2）改变生物电引导线的位置，观察动作电位的波形有无改变；交换神经干标本放置方向，观察动作电位的波形有无改变。

（3）将刺激强度设成 0，然后逐渐增大强度，寻找阈刺激和最大刺激，观察动作电位的波形有无改变。

（4）使引导电极和刺激电极的距离尽可能大，观察动作电位的波形有无分离。

（5）将在 1 mol/L KCl 溶液中浸过的滤纸片贴在外周端的引导电极上，观察动作电位的波形有无改变。

（6）用任氏液洗去 KCl，观察动作电位的波形有无改变。

（7）将在 2% 普鲁卡因中浸过的滤纸片贴在刺激电极和引导电极之间，观察动作电位的波形是否出现。

（8）洗去普鲁卡因，观察动作电位的波形是否重新出现。

（9）用镊子夹伤两个记录电极之间的神经，观察动作电位的波形有何改变。

⚠ 注意事项

（1）制备坐骨神经干标本时，应尽量除尽附着的血管和神经。神经干两端应用线扎紧，浸于任氏液中备用。取神经干时须用镊子夹持两端结扎线，切不可直接夹持神经干。

（2）保持神经干标本湿润（可置一小片湿纱布），但液体不宜过多，以免短路。

（3）注意使神经干标本与刺激电极和引导电极密切接触。

（4）两刺激电极的距离不宜太近，否则其间神经干电阻太小，可导致两电极间近于短路，损坏刺激器。

（5）神经屏蔽盒用后应清洗干净，否则残留盐溶液会腐蚀刺激电极和引导电极并使导线生锈。

📑 思考题

（1）神经干动作电位的波形为什么不是"全"或"无"的？

（2）测量出来的神经干复合动作电位幅值和波形为什么与细胞内记录的不一样？

（3）神经干的动作电位为什么是双相的？损伤两个引导电极之间的标本后，为什么动作电位变为单相？单相（只有上相）的动作电位波形与双相（有下相）的有何不同？为什么？

（4）神经干动作电位的上、下相波形的幅值和波形宽度为什么不对称？

（5）如果将神经干标本的末梢端置于刺激电极一侧，从中枢端引导动作电位，波形将发生什么样的变化？为什么会发生这样的变化？

📑 讨论题

（1）改变两个引导电极之间的距离，观察双相动作电位的波形会发生什么样的变化，试分析发生变化的原因。

（2）如果使引导电极距离刺激电极更远一些，动作电位的幅值会变小，这是兴奋传导的衰减吗？试对此进行解释。

实验 3.6　神经干不应期的测定

Q 你知道吗？

◆ 神经干兴奋性周期有什么样的特点？

◆ 在神经干兴奋性周期的不同时期给予第二个阈上刺激分别会出现什么现象？

实验目的

（1）学习测定神经干不应期的基本原理和方法。

（2）学习电生理实验方法。

实验原理

神经在一次兴奋的过程中，其兴奋性会发生周期性的变化。兴奋性的周期变化包括绝对不应期、相对不应期、超常期和低常期4个时期。为了测定坐骨神经在一次兴奋后兴奋性的周期变化，首先要给神经施加一个条件刺激（S_1）引起神经兴奋，然后在前一兴奋过程的不同时相叠加一个测试性刺激（S_2），检查神经的兴奋阈值及其所引起的动作电位的幅值，以判定神经兴奋性的变化。当刺激间隔时间长于 25 ms 时，S_1 和 S_2 所引起的动作电位的幅值基本相同。当 S_2 距离 S_1 约 20 ms 时，S_2 所引起的第二个动作电位的幅值开始减小。使 S_2 逐渐向 S_1 靠近，第二个动作电位的幅值继续减小，最后它可能因 S_2 落在第一个动作电位的绝对不应期内而完全消失。

实验对象

蟾蜍、青蛙或人工养殖的牛蛙

药品与器材

任氏液、常用手术器械、生物信号采集与处理系统、神经屏蔽盒。

方法与步骤

（1）制备蛙或蟾蜍的坐骨神经干标本。

（2）连接神经屏蔽盒和生物信号采集与处理系统。将坐骨神经干搭在神经屏蔽盒的电极上，刺激标本的中枢端，由末梢端引导动作电位。

（3）生物信号采集与处理系统操作步骤。在系统中选择"实验项目—神经肌肉生理实验—神经干不应期测定实验"模式，选用适当的刺激强度，记录动作电位的波形。

（4）观察实验结果。实验结果如图 3-12 所示，最初可见到间隔的两个动作电位的波形，而且两个波形的幅值大小基本相同。此后每刺激一次，第二个刺激就按照"间隔"所设定的时间向第一个刺激靠近，第二个动作电位的波形相应地向第一个动作电位靠近。当第二个动作电位的波形幅值比第一个小时，说明第二个刺激落入第一次兴奋后的相对不应期。第二个刺激越靠近第一个刺激，其动作电位的幅值就越小。当第二个刺激距离第一个刺激 1.5~2 ms 时，第二个动作电位完全消失，表明第二个刺激落入第一次兴奋后的绝对不应期。

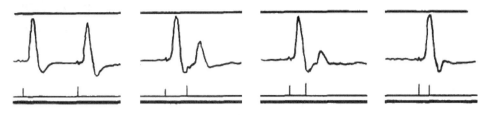

图 3-12 用双刺激测定神经干兴奋性的不应期

思考题

（1）什么是绝对不应期和相对不应期？

（2）当刺激落到相对不应期内时，其动作电位的幅值为什么会减小？

（3）为什么在绝对不应期内，神经对任何强度的刺激都不再产生反应？

（4）绝对不应期的长短有什么生理学意义？

讨论题

假如有一个神经的绝对不应期为 2 ms，那么这一神经每秒最多可以发出多少次神经冲动？

实验 3.7　神经冲动传导速度的测定

神经干传导速度实验现象

实验目的

学习使用生物信号采集与处理系统测定蛙或蟾蜍离体神经干上神经冲动传导速度的方法。

实验原理

神经干受到有效刺激而兴奋后，产生的动作电位以脉冲的形式按一定的速度向远处扩布传导。不同类型的神经纤维传导兴奋的速度是不同的，总体说来，直径大的纤维兴奋传导速度快，直径相同的纤维中有髓纤维比无髓纤维传导速度快。蛙类的坐骨神经干属于混合性神经，其中包含粗细不等的各种纤维，直径一般为 $3\sim29~\mu m$，最粗的有髓纤维为 A 类纤维，传导速度在正常室温下为 $35\sim40~m/s$。

测定神经纤维上兴奋的传导速度时，在远离刺激点的不同距离处分别引导其动作电位，若两引导点之间的距离为 m，在两引导点引导出的动作电位的时相差为 s，则传导速度的计算公式为 $v=m/s$。

实验对象

蟾蜍、青蛙或人工养殖的牛蛙

药品与器材

任氏液、常用手术器械、生物信号采集与处理系统、神经屏蔽盒。

方法与步骤

1. 制备蛙的坐骨神经干标本

剥离出蛙的坐骨神经干，尽可能地将坐骨神经干剥离得长一些。

2. 连接实验装置

连接生物信号采集与处理系统与神经屏蔽盒。使用两对引导电极，将近刺激端的一对引导电极（R3 和 R4）输入通道 1，将远离刺激端的一对引导电极（R5 和 R6）输入通道 2。将蛙的坐骨神经干标本置于神经屏蔽盒内的电极上，神经干的中枢端置于刺激电极一侧。

3. 生物信号采集与处理系统操作步骤

在系统中选择"实验项目—神经肌肉生理实验—神经冲动传导速度的测定实验"

模式，选用适当的刺激强度，采用程控刺激方式进行实验。

4. 观察实验结果

（1）显示窗口的通道 1 显示第一对引导电极引导出的动作电位波形，而通道 2 则显示第二对引导电极引导出的动作电位波形。调整实验显示窗中动作电位的波形。由于第二对引导电极距离刺激点更远，因此通道 2 中动作电位波形出现得比较靠后。

（2）选中通道 1 和通道 2 的动作电位波形并右击，选择"集中比较显示"，两个波形可同时显示在通道 1 上（图 3-13）。

5. 测定两对记录引导电极的动作电位时差

使用"区间测量"命令按钮，分别测出通道 1 和通道 2 两个动作电位的起始点，即可算出两个动作电位的时差。

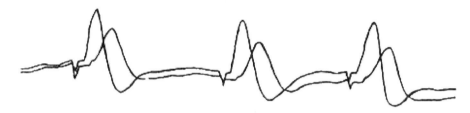

图 3-13　双通道记录不同部位的神经干动作电位

6. 测量两对引导电极神经干的长度

使用毫米刻度尺准确测量出两对引导电极之间的距离，即为神经干的长度。

7. 计算兴奋传导速度

按照实验原理中的计算公式计算蛙坐骨神经干的兴奋传导速度。

⚠ 注意事项

（1）若神经干长度足够，则尽量将两对引导电极的距离拉远一些，距离越远，测定的传导速度就越准确。

（2）将神经干搭在引导电极上时，尽量将神经干拉成直线，否则会影响测量的神经干长度的准确性，最终影响计算的传导速度的准确性。

（3）尽量减小动作电位的刺激伪迹，这样更加容易确定动作电位离开基线的起始点。

思考题

（1）本实验测定出来的神经传导速度是神经干中哪类纤维的兴奋传导速度？为什么？

（2）为什么两对引导电极相距越远，测定出的神经纤维的兴奋传导速度就越准确？

（3）为什么远离刺激电极的引导电极（通道 2）引导出的动作电位幅值比较小？

讨论题

同一根神经干不同部位的神经冲动的传导速度是否相同？

第4章 血液生理

实验 4.1 血细胞比容的测定

Q 你知道吗?

◆ 血液中有哪些成分?

◆ 各种成分在血液中的占比如何?

◆ 血液中各种成分的占比在不同性别的人群中有无差异?

实验目的

学习测定血细胞比容的方法。

实验原理

将抗凝血剂装于分血管(也称分血计,常用的是温氏管)或微量毛细采血管中,在一定条件下离心沉淀,可测出红细胞占全血体积的百分比,即血细胞比容。离心沉淀后,管中的血液分为三层:上层为淡黄色的透明液体——血浆;中层为极薄的一层呈灰白色的白细胞和血小板;下层为被挤压得很紧的暗红色的红细胞。

目前临床上应用微量毛细管比容法测定血细胞比容。也可以采用商品化的专用肝素化(抗凝)毛细玻璃管,采血后加热毛细玻璃管两端或以橡皮泥封口,在专用的小型超速离心机上离心 5 min,转速不低于 10 000 r/min,然后在血细胞比容测定板上读出体积百分比。此外,还可以采用更为先进的电阻抗微量比容法等测定血细胞比容。

实验对象

家兔

药品与器材

(1) 双草酸盐抗凝剂(配制见表 4-1)。

(2) 注射器(2 mL 或 5 mL)。

(3) 离心机(最好采用直角离心机)。

(4) 温氏管。管长 110 mm,内径约 2.5 mm,内径必须均匀,管底平坦。管的两侧标有厘米和毫米分格刻度,从右侧数由下至上为 0 到 10,从左侧数反之,分别用于读取血细胞比容和红细胞沉降率。

（5）细长的滴管、小试管、碘酒棉球和75%酒精棉球。

表 4-1　双草酸盐抗凝剂的配制

试剂	用量
草酸铵（能沉淀在血凝过程中所必需的 Ca^{2+}，但可使红细胞略膨大）	1.2 g
草酸钾（能沉淀在血凝过程中所必需的 Ca^{2+}，同时可使红细胞略缩小）	0.8 g
40%甲醛溶液（防止霉菌等微生物生长）	1 mL
蒸馏水	加至 100 mL

☰ 方法与步骤

1. 制备抗凝小试管

吸取双草酸盐抗凝剂 0.2 mL 转移至小试管内，并使该抗凝剂均匀分布在小试管内壁上，烘干备用，此管可抗凝 2 mL 血液。

2. 采血

用干燥、已消毒的注射器抽取血液 2 mL，注入已用双草酸盐抗凝的小试管内，充分混匀。

3. 离心

将细长的滴管伸入比容管内，沿管壁将抗凝血液准确地滴加到比容管上端刻度 10 处（自右侧计数），切勿混入气体。配平后，按 3 000 r/min 的转速离心 30 min。

4. 计算血细胞比容

取出比容管直接读数，若红细胞柱的高度为 45 mm，则血细胞比容为45%容积。

⚠ 注意事项

（1）温氏管必须清洁干燥。

（2）应选用不影响红细胞体积的抗凝剂，故以双草酸盐为好。

（3）离心条件应尽可能恒定。

（4）实验过程中应防止出现溶血现象（有溶血者血浆呈红色）。

🗐 思考题

（1）哪些因素会影响血细胞比容？

（2）如何防止溶血？

（3）急性失血 300 mL 后，血细胞比容有何变化？为什么会有这些变化？

🗐 讨论题

为什么用动脉血计算血细胞比容？

实验4.2　观察白细胞机能

Q 你知道吗?

◆ 血液中的白细胞有哪几种类型?

◆ 不同种类的白细胞都有哪些功能?

实验目的

（1）学习观察白细胞机能的方法。

（2）观察白细胞运动机能与吞噬功能。

实验原理

白细胞的主要机能是变形运动与吞噬运动。白细胞通过变形运动，从毛细血管壁进入组织液并吞噬侵入机体的细菌与异物等，起到防御与保护作用。

实验对象

蛙或蟾蜍

药品与器材

任氏液、普通显微镜或倒置显微镜、注射器与针头、凹槽载玻片、盖玻片、移液管、棉球、墨汁（或深蓝色墨水）。

方法与步骤

1. 观察白细胞的变形运动

将蟾蜍或蛙躯体一侧的皮肤剪开一个小口，将移液管的下口插入剪开的小口内，深深地插入皮下淋巴囊（如后背部的后淋巴囊）中，吸取足量的淋巴液，然后将移液管中的淋巴液滴一小滴于盖玻片上，再将盖玻片翻转置于载玻片的凹槽中，使淋巴液变成悬垂状的液滴。

将带有悬垂淋巴液滴的载玻片置于显微镜下观察，可以看到淋巴液中的白细胞在进行缓慢的变形运动。因其变形运动十分缓慢，故观察者可以绘出白细胞变形运动的图形。如果将带有悬垂淋巴液滴的载玻片靠近电灯泡，由于电灯泡释放的热量会影响悬垂淋巴液滴中的细胞，因此其中的白细胞变形运动的速度明显加快。

2. 观察白细胞的吞噬运动

在进行实验的前一天，向蟾蜍或蛙背部的淋巴囊内注入0.4~0.5 mL墨汁（或深蓝色墨水）。注射后，蛙或蟾蜍会发生防御反应，其主要反应之一是白细胞吞噬染料颗粒。

第二天进行实验时，可用带有针头的注射器从蟾蜍或蛙的淋巴囊中抽出一些淋巴液，滴一小滴抽出的淋巴液于载玻片上，然后将此载玻片放在显微镜下，观察淋巴液中白细胞的形态，可观察到淋巴液中白细胞吞噬染料颗粒的现象。

如果将此淋巴液涂片以甲醇固定，再以亚甲基蓝染色，那么被吞噬到白细胞内的染料小颗粒会更加明显。

思考题

（1）白细胞的变形运动与吞噬功能有什么生理意义？

（2）患急性细菌性炎症时，中性粒细胞的数量为什么增多？

实验 4.3　红细胞沉降率的测定

> **你知道吗？**
>
> ◆ 血液中的红细胞数量有什么特点与特性？
> ◆ 临床上检测红细胞沉降率有什么意义？

实验目的

学习红细胞沉降率的测定方法。

实验原理

红细胞是血液中数量最多的有形成分，红细胞在血液中比重最大，因而经过抗凝处理的静置的血液中的红细胞应该下沉，上部析出血浆。但红细胞在血浆中沉降的速度很慢，称之为红细胞悬浮稳定性。因此，通常用第一小时末红细胞下沉的距离（即析出的血浆高度）表示红细胞沉降的速度，称为红细胞沉降率（简称血沉）。健康人的血沉在一个较小的范围内波动，许多病理情况下（如活动性肺结核、急性风湿热、癌症等），血沉明显加快，因此红细胞沉降率的测定具有临床诊断意义。

实验对象

家兔

药品与器材

3.8%柠檬酸钠溶液、血沉管、固定架、小试管、试管架、5 mL 注射器。

方法与步骤

（1）在小试管中加入 2 mL 3.8%柠檬酸钠溶液作为抗凝剂。

（2）于兔耳缘静脉取血 2 mL，准确地将其中 1.6 mL 注入小试管内，轻轻混匀，使血液和抗凝剂充分混合。

（3）取一支干燥的血沉管，从小试管内吸血至管刻度"0"处，擦掉管口外面的血液，将血沉管垂直地竖立在固定架的橡皮垫上并固定，勿使血液从管下端漏出。注意血沉管不能倾斜，管内不应有凝血块和气泡。

（4）静置 1 h 后，读取析出血浆高度即为红细胞沉降率（mm/h）。

（5）小心取下血沉管，及时冲洗晾干。

⚠ 注意事项

（1）抗凝剂应现用现配。

（2）所有器具均应清洁、干燥。

（3）自采血起，整个实验应在 2 h 内完成。

（4）红细胞沉降率与温度有关，一定范围内，温度越高，红细胞沉降率越快，故应在 20~22 ℃室温下进行实验。

（5）红细胞沉降率的正常范围：男性 0~15 mm/h，女性 0~20 mm/h。

思考题

（1）为什么患有某些疾病的人的红细胞沉降速度显著加快？

（2）血沉的生理变化如何？

讨论题

影响红细胞沉降率的因素有哪些？它们如何影响红细胞沉降率？

实验4.4 血液凝固及其影响因素研究

> **Q 你知道吗?**
> ◆ 为什么血液离开血管会凝固?
> ◆ 血液凝固对人体有什么意义?

实验目的

通过测定各种条件下血液凝固所需的时间,了解血液凝固的基本过程及其影响因素。

实验原理

血液流出血管后会很快凝固,血液凝固是由多种凝血因子参与的连锁化学反应,其结果是使血液由流体状态转变为凝胶状态。血液凝固可分为三个阶段:第一阶段为凝血酶原激活物的形成阶段;第二阶段为凝血酶的形成阶段;第三阶段为纤维蛋白原的形成阶段。

凝血系统包括内源性凝血系统(仅发生于血浆中)和外源性凝血系统(有存在于组织中的组织因子参与)。在因创伤而出血后,凝血酶原激活物可通过两种途径形成。本实验采取直接从静脉取血而不与组织因子接触的方法比较两套凝血系统。因脑组织中含有丰富的组织因子,本实验利用兔脑粉悬液观察外源性凝血系统的作用。

实验对象

家兔

药品与器材

10 mL 注射器(2支)、8号或9号针头(2个)、50 mL 烧杯(2个)、小试管(11支)、0.5 mL 移液管(6支)、试管架、秒表、水浴装置一套、棉花、粗糙竹签、液体石蜡、冰块、20%或25%氨基甲酸乙酯溶液、肝素、3.8%柠檬酸钠溶液、270 mmol/L 氯化钙溶液、生理盐水、富血小板血浆、贫血小板血浆、兔脑粉悬液、凝血酶溶液。

富血小板血浆、贫血小板血浆、兔脑粉悬液和凝血酶原溶液的制备方法见本实验"资料"。

方法与步骤

1. 麻醉动物,分离颈总动脉或颈外静脉

采用静脉麻醉或腹腔镜手术麻醉来麻醉动物,分离颈总动脉或颈外静脉。

2. 观察纤维蛋白原在凝血过程中的作用

用带有粗针头的注射器直接从家兔静脉或动脉处取血6~10 mL 注入两个烧杯内,其中一杯静置不动,作为对照;另一杯用粗糙的竹签搅拌半分钟后,取出竹签,用生理盐水洗去竹签上的血细胞,观察缠绕在竹签上的纤维蛋白。然后,观察并比较两个烧杯里的血液有何不同。

3. 观察内源性及外源性凝血系统凝血过程

取 3 支干燥的小试管，按表 4-2 分别加入富血小板血浆、贫血小板血浆、生理盐水和兔脑粉悬液，然后同时加入 270 mmol/L 氯化钙溶液，摇匀后放置在试管架上并计时。每隔 15 s 倾斜试管一次，直到血浆凝固（即血浆液面不随试管倾斜）。分别记录 3 支试管内血浆凝固的时间并填入表 4-2。

表 4-2　血浆凝固时间记录表

试管编号	富血小板血浆/mL	贫血小板血浆/mL	生理盐水/mL	兔脑粉悬液/mL	270 mmol/L 氯化钙溶液/mL	血浆凝固时间/min
1	0.2	0	0.2	0	0.2	
2	0	0.2	0.2	0	0.2	
3	0	0.2	0	0.2	0.2	

4. 凝血酶时间测定

取贫血小板血浆 0.2 mL，迅速加入稀释的凝血酶溶液 0.2 mL 并计时。摇匀后，置于 37 ℃水浴中，不断倾斜试管，密切观察并记录凝血时间。

5. 血液凝固的加速与延缓

取干燥、洁净的试管 6 支，按表 4-3 准备实验条件。用带 8 号针头的 10 mL 注射器迅速抽取家兔或狗静脉血 6~10 mL。当血液进入注射器时，立即按下秒表，然后将血液按每管 1.5 mL 左右分装于已准备好的 6 支试管中，每 30 s 倾斜试管一次，观察凝血现象是否发生，并记录凝血时间。

表 4-3　影响血液凝固的因素

因素	实验条件	凝血时间	现象解释
粗糙面	放少许棉花		
	用液体石蜡润滑整个试管内表面		
温度	在 37 ℃水浴箱中保温		
	放在冰水浴中		
抗凝剂	加入 8 单位肝素（加血后摇匀）		
	加入 1~2 mL 3.8%柠檬酸钠溶液（加血后摇匀）		

⚠ **注意事项**

（1）试管编号必须记清楚。

（2）准备好各试管后应按其编号注入血液。

（3）每管凝血时间的计时应从血液放入该管开始。

📑 **思考题**

（1）根据本实验观察结果，比较血液凝固的内源性与外源性途径的区别。

（2）分析本实验每一项结果产生的原因。

（3）血液凝固的基本过程是什么？

（4）为什么柠檬酸钠具有抗凝作用？它影响凝血的哪一个过程？

（5）某被检测者的凝血酶时间延长，这提示被检测者血液中的哪些成分发生了变化？发生了什么变化？

讨论题

讨论并分析影响血液凝固的内外因素。

资料

1. 制备富血小板血浆

取 1% 乙二胺四乙酸钠溶液或 5% 柠檬酸钠溶液，按 1 份抗凝剂加 9 份静脉血的比例制成抗凝全血。在 1 000 r/min 转速下离心 10 min，取上层血浆即得富血小板血浆。

2. 制备贫血小板血浆

按上述方法，制备抗凝全血。在 4 000 r/min 转速下离心 30 min，取上层血浆即得贫血小板血浆。

3. 制备兔脑粉悬液

取市售兔脑粉 0.2 g 于试管中，加生理盐水 5 mL 搅拌均匀，将此管置于 45 ℃ 水浴中 10 min 或 37 ℃ 水浴中 45 min，在此期间间歇搅拌 4~5 次，待难溶物自动下沉后，取其上层液使用。此外，也可采用在 1 000 r/min 转速下离心 1~2 min 的方法得上层液。

制成后，应先检查其活性。取血浆 0.1 mL，加脑悬液 0.1 mL、5% 氯化钙溶液 0.1 mL，观察其凝固时间。若凝固时间在 14~16 s，则可使用；若凝固时间过长，则应调节其浓度（如将兔脑粉用量加至 0.3 g）。为方便学生把握实验时间，本实验要求兔脑粉悬液的活性应使血浆凝固时间为 1 min 左右。兔脑粉悬液的活性易消失，若放置在 37 ℃ 恒温箱中，应于 6 h 内完成实验；若在冰箱内保存，其活性在两周内比较恒定。

4. 制备兔脑粉

将新鲜兔脑彻底剥去蛛网膜和软脑膜，用生理盐水洗净，置乳钵中研磨，加入丙酮，再研磨搅拌至呈浓粥状。静置数分钟后，弃去含丙酮的上清液，再加丙酮研磨并静置，如此反复 4~5 次，使脑组织完全脱水呈灰白色细粉末状。用滤纸过滤，收集干粉末并置于冰箱中保存，其活性在半年内比较恒定。

5. 制备凝血酶溶液

（1）制备浓缩凝血酶溶液

取血浆 100 mL，加蒸馏水至 1 000 mL。每 1 000 mL 稀释血浆中加 8.5 mL 2% 醋酸，使其 pH 值在 5.3 左右，此时产生白色混浊物，离心后弃其上清液。将沉淀物用 25 mL 生理盐水溶解，加入 2% 碳酸钠溶液 0.25 mL，使其 pH 值在 7 左右。加入 0.25 mol/L 氯化钙溶液 3 mL，然后立即用玻璃棒或竹签将凝结的纤维蛋白拨开。将剩下的溶液分装于小试管中，并保存冰箱中备用。

（2）制备稀释凝血酶溶液

用生理盐水稀释浓缩的凝血酶溶液，以 0.1 mL 该稀释液能使 0.1 mL 正常血浆在 18~20 s 内凝固为宜。

实验 4.5　出血时间的测定

Q 你知道吗?

◆ 正常人体的小创口会很快停止流血，而被蚂蟥叮过的创口则会长时间流血不止，为什么？

实验目的

学习出血时间的测定方法。

实验原理

出血时间是指从针刺使皮肤毛细血管破损，血液自行开始流出到自行停止流出的一段时间。当毛细血管和小血管受伤时，受伤的血管可立即收缩，局部血流减慢，促使血小板黏着于血管的破损处，同时血小板释放血管活性物质，加强血管的收缩和血小板的聚集。因此，通过测定出血时间可判断血管功能和血小板功能（包括质和量）是否正常。

正常人的出血时间为 1~4 min，出血时间延长常见于血小板数量减少者。

实验对象

人

药品与器材

75%酒精、消毒采血针、滤纸条、秒表、消毒棉球。

方法与步骤

（1）用蘸 75%酒精的棉球消毒受试者的耳垂或指端，用消毒采血针刺入受试者的耳垂或指端 2~3 mm，让血液自然流出，勿施加压力，血液自然流出时开始计时。

（2）每半分钟用滤纸吸干流出的血液一次，注意滤纸勿接触伤口。

（3）计算出血时间：滤纸上的血点数除以 2 即为出血时间。

思考题

出血时间延长的患者，血液凝固的时间是否一定会延长？

实验 4.6　凝血时间的测定

你知道吗?

◆ 止血时间和凝血时间有什么关系?

实验目的

学习凝血时间的测定方法。

实验原理

从血液离体至其完全凝固所需的时间称为凝血时间。本实验中,血液离体后接触玻璃片(带负电荷)凝血过程启动,一系列凝血因子被激活,最后使纤维蛋白原转变为纤维蛋白。

凝血时间可反映血液本身的凝血过程是否正常,凝血因子缺乏或严重的血小板减少,均可使凝血时间延长。玻片法测得的正常人的凝血时间为 2~8 min,试管法测得的家兔的凝血时间为 4~12 min。

实验对象

人(玻片法)、家兔(试管法)

药品与器材

75%酒精、消毒采血针、玻片、秒表、试管架、小试管(3 支)、5 mL 注射器(2 支)、6 号针头、消毒棉球、消毒棉签。

方法与步骤

1. 玻片法

用蘸 75%酒精的棉球消毒受试者的耳垂或指端,然后将消毒采血针刺入受试者耳垂或指端 2~3 mm,让血液自然流出,用干棉球轻拭去第一滴血,待血液重新流出时,用清洁、干燥的玻璃片接取一大滴血液,此时开始计时。2 分钟后,每隔半分钟用针尖挑血一次,直到挑起细纤维蛋白丝为止,所需时间即为凝血时间。

2. 试管法

将 3 支清洁、干燥的小试管排列于试管架上,用双空针法在兔耳缘静脉采血(当血液进入第一个注射器后,不要拔出针头,立即换另一个注射器)。抽血 3 mL 后取下注射针头,将血液沿管壁平均、缓慢地注入 3 支小试管中,开始计时,血液离体 4 min后,每隔半分钟将第一支试管倾斜一次,观察血液是否流动,待第一支试管中的血液凝固后,再依次观察第二支试管和第三支试管,第三支试管中血液的凝固时间即为凝血时间。

注意事项

(1)用针挑血时应沿一定方向自血滴边缘向里轻挑,半分钟一次,勿多方向挑动,以防破坏血液凝固时的纤维蛋白网状结构而造成不凝的假象。

（2）如果同时进行出血时间和凝血时间的测定，一般在不同部位刺两针分别进行测定。但如果第一针自然流血较多，也可接一大滴血液进行凝血时间的测定，半分钟后用滤纸吸血测定出血时间。

（3）采用试管法时，试管必须清洁、干燥，内径一致，静脉采血时不得混入组织液，血液不能产生泡沫，倾斜试管的动作要轻，角度要小。

思考题

试管法主要反映内源性凝血还是外源性凝血？

讨论题

出血时间延长，凝血时间一定延长吗？

实验 4.7　ABO 血型鉴定与交叉配血

Q 你知道吗？

◆ 为什么输血之前一定要进行血型鉴定？

◆ 常说的"熊猫血"是指哪种血型？

◆ 临床上 ABO 同型血相输之前为何要进行交叉配血？

实验目的

（1）学习用标准血清鉴定 ABO 血型的方法，并观察红细胞的凝集现象。

（2）加深对输血前认真进行血型鉴定和交叉配血试验的意义的理解。

实验原理

血型分型的依据是红细胞膜上特殊抗原（凝集原）的类型。在 ABO 血型系统中，将有较高效价的抗 A 型血清和抗 B 型血清分别与受试者的红细胞混合，观察有无红细胞凝集现象，并通过判定红细胞膜上所含的凝集原来确定受试者的血型。在血型确定后，临床输血时还须将同型血进行交叉配血，无凝集现象出现，才能进行输血。

交叉配血试验是指将供血者的红细胞与受血者的血清混合（称为交叉配血试验的主侧），再将供血者的血清和受血者的红细胞混合（称为交叉配血试验的次侧）。若主侧、次侧均无凝集，称完全配合，可安全输血；若主侧不凝集而次侧凝集，有条件换血时最好换血再做交叉配血，无条件时则只能少量、缓慢输血；若主侧凝集，则绝对不能进行输血。

实验对象

人

药品与器材

碘酒、75%酒精、生理盐水、抗 A 型及抗 B 型标准血清、消毒采血针、注射器及针头、消毒棉签、消毒棉球、双凹载玻片、小试管、牙签、离心机、蜡笔、显微镜、滴管。

方法与步骤

1. ABO 血型鉴定

（1）取抗 A 型、抗 B 型标准血清各 1 滴，分别滴在双凹载玻片的两端，并标明抗 A 和抗 B。

（2）用蘸 75%酒精的棉球消毒受试者的耳垂或指尖，用消毒采血针刺破皮肤，取 1~2 滴血于盛有 1 mL 生理盐水的小试管中混匀，制成红细胞混悬液，用消毒棉球堵住针孔以防继续出血。

（3）用滴管吸取红细胞混悬液，滴一滴于玻片两端的血清中，注意勿使滴管尖端和血清接触，用两支牙签分别混匀。如果出血量少，也可分别用两支牙签将血直接刮下，再与玻片上的血清混匀。需要注意的是，已经接触过血清的牙签不得再接触伤口血液。

（4）10 min 后，肉眼观察有无红细胞凝集反应，如无凝集反应，再用清洁牙签混匀。30 min 后，再次在显微镜低倍镜下观察，根据红细胞凝集情况确定受试者的血型，如图 4-1 所示。

2. 交叉配血试验

血型鉴定后的交叉配血试验是输血和组织血源的必需步骤。应坚持同血型输血，且输同型血时也必须事先进行交叉配血试验。检测血型和交叉配血均有玻片法和试管法两种方法，两种方法类似，但后者较灵敏。

配血试验主要用来检查受血者血清中有无破坏供血者红细胞的抗体，这是配血试验的主侧；对于供血者血清中是否有破坏受血者红细胞的受体也应该给予注意，这是配血试验的次侧。两者检测合称交叉配血，如图 4-2 所示。交叉配血后，观察有无凝集现象，同时可以进一步判断血型鉴定结果是否正确。

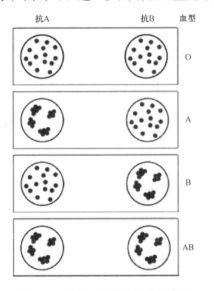

图 4-1　ABO 血型鉴定结果示意图

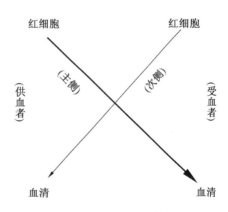

图 4-2　交叉配血试验

（1）制备受血者的 5% 红细胞混悬液和血清。以碘酒、酒精消毒皮肤，用已消毒的注射器抽取受血者静脉血 2 mL，在装有 2 mL 生理盐水的小试管中滴 2 滴静脉血，制成红细胞混悬液。待其余血液凝固后，将血液离心，取上清液备用。

（2）制备供血者的 5% 红细胞混悬液和血清，方法同步骤（1）。

（3）玻片法。在玻片两侧分别标注"主""次"字样。在主侧分别滴加受血者的血清及供血者的红细胞混悬液各一滴，在次侧分别滴加受血者的红细胞混悬液及供血者的血清各一滴。分别用不同的牙签将主侧和次侧的液体混匀，置室温下 15 min 后观察结果。为安全起见，有必要在低倍镜下观察有无凝集及溶血现象。

（4）试管法。主、次侧管内所加内容物同玻片法（滴量可适当增加），混匀并在 1 000 r/min 转速下离心 1 min，取出并观察结果。此法比玻片法迅速。

（5）结果判断。参见表 4-4 进行交叉配血试验时，配血反应结果完全相符；主侧试验和次侧试验均无凝集反应，可以输血。

配血禁忌：无论何种原因导致主侧试验有凝集现象时，供血者的血绝对不能输给受血者。

可试输少量血液：当主侧试验无凝集现象、次侧试验出现凝集现象时（可见于受血者为 A 型或 B 型血、供血者为 O 型血，或 A 型、AB 型同型输血存在亚型问题），若病情紧急又无其他血源可用且凝集反应较弱，则可试输少量（不超过 200 mL）O 型血，但在输血过程中应密切观察，防止发生意外。

表 4-4　交叉配血反应结果判定

主侧试验	次侧试验	结果判断
阴性	阴性	可以输
阴性	阳性	少量输
阳性	阴性	不能输
阳性	阳性	禁止输

注：阴性，即无凝集现象；阳性，即发生凝集现象。

⚠ 注意事项

（1）凝集反应的强度因受检抗体效价而异。在肉眼看不清凝集现象是否发生时，应在显微镜下观察并加以核实。

（2）红细胞混悬液和标准血清均应新鲜、合格、无污染，防止出现假凝集现象。

（3）注意是否有溶血反应，切勿把溶血当作不凝集（溶血和凝集均提示配血不合）。

（4）在操作中，应严格分离各种检测用品，吸取标准血清的滴管和搅拌用的竹签等用品绝不能混用，以防交叉污染。

（5）红细胞凝集需要一定的时间。如果温室过低，可适当延长观察时间，或将载玻片置于 37 ℃培养箱中。

📋 思考题

（1）根据自己的血型，说明你能接受何种血型的血液，以及你可以输血给何种血型的人，以什么样的方式，为什么？

（2）无标准血清时，用已知为 A 型或 B 型的血能进行血型的粗略分析吗？为什么？

（3）对有多次输血史的受血者或同时输入多名献血人员血液的受血者输血时，应注意什么问题？

📋 讨论题

古代的滴血认亲有科学依据吗？

实验 4.8 血红蛋白含量的测定

Q 你知道吗?

◆ 血红蛋白的结构和成分是什么样的?它有什么功能?

◆ 血红素有什么特点?

实验目的

掌握测定血红蛋白含量的基本方法——比色法。

实验原理

测定血红蛋白含量的方法很多,实验中常用比色法。本实验介绍用于目测比色的酸化法,即沙利氏比色法。其原理是在一定量血液中加入少许盐酸,酸不仅能破坏红细胞膜,而且能使位于红细胞内的亚铁血红素转变成高铁血红素(酸化血红素),后者呈较稳定的棕色。将血液与盐酸的混合液用蒸馏水稀释后与血红蛋白计的标准色进行目测比色,即得每 100 mL 血液所含的血红蛋白克数或百分率。

实验对象

人

药品与器材

0.1 mol/L 盐酸溶液、75% 酒精棉球、乙醚、蒸馏水、血红蛋白计、一次性定量毛细取血管(20 μL)、滴管、玻璃棒。

血红蛋白计的主要组件:① 标准比色架,比色架的一侧或两侧镶有两个棕色的标准色柱;② 血红蛋白稀释管,呈方形或圆形,两侧有刻度,一侧以 g 为计数单位,另一侧以百分率计,按中国人血红蛋白正常值进行标记(即以每 100 mL 血液内含血红蛋白 14.5 g 为 100% 进行百分率刻度标记)。

方法与步骤

(1)用滴管滴加 0.1 mol/L 盐酸溶液至血红蛋白稀释管的刻度"10"处(用百分率计算的那一侧刻度)。

(2)对指尖进行常规消毒,用一次性刺血针刺破指尖并采血,血滴宜大一些。用一次性毛细取血管的尖端接触血滴,吸血至刻度 20 mm³ 处(0.02 mL,即 20 μL)。

(3)用滤纸片或棉球擦净毛细取血管口周围的血液,将一次性毛细取血管插入血红蛋白稀释管的盐酸溶液内,轻轻将毛细取血管内血液吹至稀释管底部,反复吸入并吹出稀释管内上层的盐酸,洗涤多次,使一次性毛细取血管内部的血液完全被洗入稀释管,摇匀或用小玻璃棒搅匀后,放置 10 min,使盐酸与红细胞及其内部的血红蛋白充分作用。

(4)把稀释管插入标准比色架两色柱中央的空格中,使其无刻度的两侧面位于空格的前后方，便于透光和比色。

（5）用滴管向稀释管内逐滴加入蒸馏水（每加一滴都要搅拌），边滴边观察颜色，直到颜色与标准玻璃色柱的颜色相同为止，此时稀释管液面的读数即为 100 mL 血液中血红蛋白的克数。

⚠ 注意事项

（1）一定要确保进入稀释管内的血液量为 20 μL。

（2）蒸馏水须逐滴加入，以免稀释过量。每次比色时，应将搅拌用的玻璃棒取出，以免影响比色。

📑 思考题

（1）测定血红蛋白含量的实际意义是什么？血红蛋白有什么功能？

（2）血红蛋白含量的变化和红细胞数目的增减是否一致？为什么？

📑 讨论题

如果发现受检者血红蛋白含量减少，其可能的原因有哪些？

实验 4.9 观察红细胞的溶解——溶血作用

Q 你知道吗?

◆ 临床上打点滴为什么要用生理盐水?

实验目的

（1）学习溶解红细胞的各种实验方法。

（2）观察红细胞的溶血现象。

实验原理

红细胞在高渗氯化钠溶液中会失去水分，发生皱缩；在低渗氯化钠溶液中会因过多水分进入红细胞而膨胀，甚至破裂，使血红蛋白释出，此为红细胞的溶解。红细胞对低渗溶液具有不同的抵抗力，这种抵抗力与红细胞的表面积/体积的比值有关，即红细胞有不同的渗透脆性，表面积/体积的比值小者抵抗力小（渗透脆性大），反之抵抗力大（渗透脆性小）。

各种有机溶剂、酸、碱等都会使红细胞膜溶解或被破坏，使血红蛋白释出，即发生红细胞的化学性溶血。发生溶血后，残留的红细胞膜碎片被称为红细胞血影。

实验对象

家兔

药品与器材

0.9%氯化钠溶液、0.1 mol/L 盐酸溶液、0.1 mol/L 氢氧化钠溶液、乙醇或氯仿、3.8%柠檬酸钠溶液、75%酒精棉球、离心机、5 mL 试管（12 支）、试管架、洗耳球、2 mL 吸管、注射器（2 mL 或 5 mL）、针头（6 号或 6.5 号）、滴管、氯化钠、蒸馏水。

方法与步骤

方法一：渗透性溶血——红细胞渗透脆性的测定

（1）制备不同浓度的低渗氯化钠溶液。取 7 支试管，按表 4-5 所示加入 171 mmol/L 氯化钠溶液和蒸馏水。

表 4-5 红细胞渗透脆性实验操作表

试剂	1	2	3	4	5	6	7
171 mmol/L 氯化钠溶液/mL	1.7	1.5	1.3	1.1	0.9	0.7	0.5
蒸馏水/mL	0.8	1.0	1.2	1.4	1.6	1.8	2.0
氯化钠溶液的最终浓度/（mmol·L^{-1}）	116.3	102.6	88.9	75.2	61.6	47.9	34.2

续表

试剂	1	2	3	4	5	6	7
氯化钠溶液的 质量百分浓度/%	0.68	0.60	0.52	0.44	0.36	0.28	0.20

（2）对家兔取血部位进行消毒，用干燥的注射器及针头取静脉血 1~2 mL 后，立即通过 6 号针头滴入各试管中，每管一滴，轻轻摇匀后于室温下静置 2 h，观察各试管的溶血情况。也可用生理盐水配制 5% 红细胞混悬液代替静脉血进行此步骤。

（3）结果判断：从高浓度管开始观察。

不溶血：上层浅黄色、透明，下层红色、不透明。

开始溶血：上层红色、透明，下层红色、浑浊而不透明。

完全溶血：全部液体变红且透明。

方法二：化学性溶血

（1）制备5%红细胞混悬液：取兔血 2 mL，加入盛有 0.2 mL 3.8%柠檬酸钠溶液的离心管中，充分混合，放入离心机中，以 3 000 r/min 转速离心。取出后，弃去上清液，加生理盐水，混合后离心，再次弃去上清液。重复上述操作，即得洗涤之后的红细胞。用生理盐水配成 5%红细胞混悬液。

（2）取试管 4 支，各盛 5%兔红细胞混悬液 2 mL，分别加入下列溶液，观察红细胞在各试剂中的溶解现象：

① 0.9%氯化钠溶液 1 mL；

② 乙醇或氯仿 0.2 mL；

③ 0.1 mol/L 盐酸溶液 1 mL；

④ 0.1 mol/L 氢氧化钠溶液 1 mL。

（3）半小时后，观察并记录各试管内溶液溶血情况，注意观察颜色与透明度。

⚠ 注意事项

（1）试管编号排列顺序切勿弄错、颠倒。

（2）在进行渗透性溶血——红细胞渗透脆性的测定时，要求所吸氯化钠溶液和蒸馏水的量准确无误。

（3）加入血液后，应轻轻摇匀溶液，切勿剧烈振荡。

（4）在光线明亮处观察，必要时可吸取试管底部悬液一滴，在显微镜下观察。

思考题

（1）渗透性溶血和化学性溶血的发生机制有什么不同？

（2）如何判定红细胞的最大脆性和最小脆性？

讨论题

红细胞渗透脆性实验的基本原理是什么？有什么意义？

实验 4.10 血细胞的计数

你知道吗?

- ◆ 血细胞的数量变化有什么临床意义?
- ◆ 血常规检查有哪些项目?

实验目的

学习红细胞、白细胞的人工计数方法。

实验原理

将一定量的血液经一定倍数的等渗盐水稀释后,置于血细胞计数板的计数室内,计数一定容积溶液内的红细胞、白细胞;然后再推算出 $1 \, mm^3$ 或 $1 \, L$ 血液内的各种细胞数。现临床上已普及使用血液多参数自动测量仪,这使得血细胞计数工作完全自动化。

实验对象

家兔

药品与器材

75%酒精、红细胞稀释液、白细胞稀释液、血细胞计数板、一次性定量毛细取血管（10 μL,20 μL）、移液管（1 mL,2 mL,5 mL）、滴管、小试管、显微镜、一次性刺血针、棉球、玻璃棒。

红细胞、白细胞稀释液的配制方法见表 4-6 和表 4-7。

表 4-6 红细胞稀释液的配制和作用

试剂	用量	作用
NaCl	0.5 g	维持渗透压
Na_2SO_4	2.5 g	使溶液比重增加,红细胞均匀分布,不易下沉
$HgCl_2$	0.25 g	固定红细胞并防腐
蒸馏水	加至 100 mL	

表 4-7 白细胞稀释液的配制和作用

试剂	用量	作用
冰醋酸	2.0 mL	破坏红细胞
1%龙胆紫或1%亚甲蓝	2.5 g	将白细胞核染成淡蓝色,使其便于识别
蒸馏水	加至 100 mL	

方法与步骤

1. 采血及稀释

用 5 mL 移液管吸取 3.98 mL 红细胞稀释液至 1 号小试管中备用,用 1 mL 移液管吸取 0.38 mL 白细胞稀释液至 2 号小试管中备用。

对兔耳耳尖部的耳缘静脉采血部位进行消毒,待耳缘静脉充血后,用刺血针刺破血管,让血液自然流出,擦去第一滴血液,用 2 支一次性毛细取血管分别准确采血 20 μL 和 10 μL,擦净管外沾染的血液,依次将毛细取血管放入 1 号小试管和 2 号小试管底部,轻轻吹出血液,并用上清液清洗毛细取血管 2~3 次,使毛细取血管内血液完全被洗入管内,轻轻摇动试管 1~2 min,使血液与稀释液充分混匀。

2. 血细胞计数板

血细胞计数板是一块刻有一定面积刻度的长方形厚玻璃,如图 4-3 所示。

计数板通常有前后两个计数室,每室划分 9 个大格,如图 4-4 所示。格与盖玻片的距离为 0.1 mm,每大格边长为 1 mm,面积为 1 mm^2,体积为 0.1 mm^3。四角的 4 个大方格被划分为 16 个中方格,一般此 4 个大方格用于白细胞的计数;中央大方格中的每一个中方格被 3 条等分的线条划分,故中央大方格共得 25 个中方格,每个中方格的边长为 0.2 mm,面积为 0.04 mm^2,体积为 0.004 mm^3;每个中方格又得 16 个小方格,一般情况下,中央大方格四角的和中央的中方格及其内部的小方格用于红细胞的计数。

将盖玻片(与计数板配套购置)放入计数板中央,用洁净玻璃棒蘸取少量稀释混匀后的血细胞悬浮液,于盖玻片边缘一次性滴入计数室内,并使之灌满,静置 2~3 min,待细胞下沉后进行计数。在计数红细胞、白细胞时,可各使用一个计数室。

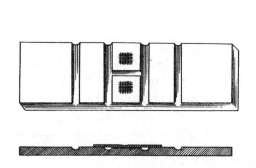

图 4-3 血细胞计数板

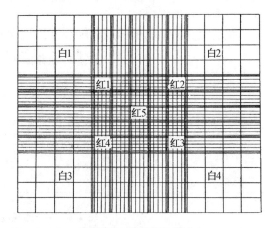

图 4-4 计数室的划分

3. 计数方法

用低倍镜观察计数室内被计数的特定血细胞分布是否均匀,分布均匀者方可计数。

计数红细胞时把计数室中央的大方格置于视野内,转用高倍镜,计数 5 个中方格(图 4-4 中的红 1、红 2、红 3、红 4 和红 5)内的红细胞总数。计数时必须遵循一定方向逐格进行,若将上侧和左侧线上的红细胞数入,则勿将下侧和右侧线上的红细胞数入,如图 4-5 所示。

在低倍镜下，计数室四角 4 个大方格中所有的血细胞总数即为白细胞数。计数原则同红细胞。

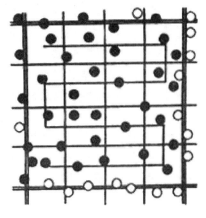

图 4-5　细胞计数路线

4. 计算

（1）红细胞数

$$红细胞数/mm^3 = 5 个中方格数得的红细胞总数 \times 10^4$$
$$红细胞数/L = 红细胞数/mm^3 \times 10^6$$

计算原理

① 加 20 μL（即 0.02 mL）血液于 3.98 mL 红细胞稀释液中，使血液稀释 200 倍。

② 计数稀释后血液中的红细胞总数：一个中方格的容积为 $0.2 \times 0.2 \times 0.1 = 0.004 \text{ mm}^3$，5 个中方格的容积为 $0.004 \times 5 = 0.02 \text{ mm}^3$，换算成每立方毫米时应乘以 50。

③ 红细胞数/mm³ = 5 个中方格中所数的红细胞数 × 稀释倍数（200）× 50。

（2）白细胞数

$$白细胞数/mm^3 = 4 个大方格内数得的白细胞总数 \times 50$$
$$白细胞数/L = 白细胞数/mm^3 \times 10^6$$

计算原理

① 加 20 μL（即 0.02 mL）血液于 0.38 mL 白细胞稀释液中，使血液稀释 20 倍。

② 计数 0.04 μL 稀释后血液中的白细胞总数：1 个大方格的容积为 $1 \times 1 \times 0.1 = 0.1 \text{ mm}^3$，4 个大方格的容积为 $0.1 \times 4 = 0.4 \text{ mm}^3$，即 0.4 μL，换算成每立方毫米时应乘以 2.5。

③ 白细胞数/mm³ = 4 个大方格中所数的白细胞数 × 稀释倍数（20）× 2.5。

⚠ 注意事项

（1）血液加入试管后，须充分摇匀，但动作要轻，避免出现气泡并防止血细胞（尤其是血小板）被破坏。

（2）计数室内细胞分布要均匀。计数红细胞时，如果发现各中方格内的红细胞数目相差 20 个以上，或计数白细胞时，发现各大方格内的白细胞数目相差 8 个以上，就表示血细胞分布不均匀，必须把稀释液摇匀后重新计数。

（3）混悬液滴入计数室时，液量要适当。滴入过多，则混悬液溢出并流入两侧深槽内，使盖玻片浮起，进入计数室的液体的体积增大，导致计数不准，此时需用滤纸片吸出多余的溶液，直至槽内无溶液。滴入过少，反复充液可能造成计数室内产生气泡，影响计数，此时应洗净计数室，待干燥后重新滴液。

（4）所用吸管、试管、计数板等必须十分干净，各种稀释液严防混入杂质或有细菌生长。

（5）如遇冷凝集，可把标本置于 37 ℃温箱中温育几分钟，摇匀后计数。

（6）过去采血时普遍应用红、白细胞计数专用吸管，现在多已不用，而是用一次性毛细取血管。该管上面有标记，可一次性取血 10 μL 或 20 μL。

思考题

人体红细胞、白细胞的正常参考值是多少？

讨论题

在该实验中，哪些因素可能会影响血细胞计数的准确性？

第 5 章　血液循环生理

实验 5.1　蛙类心脏起搏点分析与心搏曲线观察

蛙心的制备

Q 你知道吗?

◆ 心肌有哪些生理特性?
◆ 蛙类和人类心脏的结构有什么区别?

实验目的

（1）学习暴露蛙类心脏的方法，熟悉其心脏的结构。
（2）观察蛙类心脏各部位节律性活动的时相及频率。
（3）学习在体蛙类心脏活动的记录方法。

实验原理

两栖类动物的心脏为两心房、一心室，心脏的起搏点是静脉窦。静脉窦的节律性最强，心房次之，心室最低。正常情况下，蛙类心脏的活动节律服从静脉窦的节律，其活动顺序为静脉窦、心房、心室。这种有节律的活动可以通过传感器或生物信号采集与处理系统记录下来，即为心搏曲线。

实验对象

蟾蜍或蛙

药品与器材

任氏液、常用手术器械、蛙板（或蜡盘）、蛙心夹、生物信号采集与处理系统、张力换能器、支架、双凹夹、秒表、滴管、培养皿（或小烧杯）、纱布、棉线。

方法与步骤

1. 暴露动物心脏

取蟾蜍（或蛙）一只，双毁髓（毁髓要彻底）后将其背位置于蛙板上（或蜡盘内）。操作者一手持手术镊提起其胸骨后方的皮肤，另一手持金冠剪将胸骨后方皮肤剪开一个小口，然后剪刀由开口处伸入皮下，向左、右两侧下钝角方向剪开皮肤。将剪开的皮肤掀向头端，再用手术镊提起胸骨后方的腹肌，在腹肌上剪一小口，金冠剪紧贴体壁由此口向前伸入（勿伤及心脏和血管），沿皮肤切口方向剪开体壁，剪断左右喙骨和锁骨，使创口呈一倒三角形。一手持眼科镊子提起心包膜，另一手用眼科剪剪开心包膜，暴露心脏。

2. 观察心脏的结构

从标本心脏的腹面可看到一个心室，其上方有左右心房，房室之间有房室沟。心室右上方有一动脉圆锥，是动脉根部的膨大，动脉干向上成左右两分支。用蛙心夹夹住少许心尖部肌肉，轻轻提起蛙心夹，将心脏倒吊，可以看到心脏背面有呈节律性搏动的静脉窦。在心房与静脉窦之间有一条白色半月形界线，称为窦房沟。前、后腔静脉与左、右肝静脉的血液流入静脉窦。蟾蜍的心脏结构如图5-1所示。

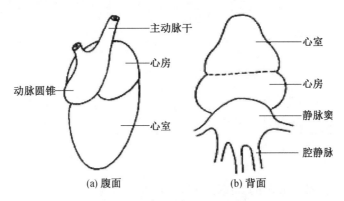

图5-1　蟾蜍的心脏结构示意图

3. 观察心搏过程

仔细观察静脉窦、心房及心室收缩的顺序和频率。在主动脉干下方穿一条线，将心脏翻向头端，看准窦房沟，沿窦房沟做一结扎，称为斯氏第一结扎。观察心脏各部分搏动节律的变化，用秒表计数每分钟的搏动次数。待心房和心室恢复搏动后，计数其搏动频率。然后在房室交界处穿线，准确地结扎房室沟，称为斯氏第二结扎。待心室恢复搏动后，计数每分钟心脏各部分的搏动次数。将结果填入表5-1。

表5-1　斯氏结扎记录表

实验项目	频率/（次·min^{-1}）		
	静脉窦	心房	心室
对照			
斯氏第一结扎			
斯氏第二结扎			

4. 准备仪器

打开生物信号采集与处理系统，接通张力换能器输入通道。

5. 记录心搏曲线

按步骤1暴露另一只蟾蜍的心脏，用系线的蛙心夹夹住少许心尖部肌肉。蛙心夹的系线与张力换能器的应变梁孔连接，调节系线的拉力，使心脏的收缩活动在显示屏上出现。调整扫描速度，使心搏曲线的幅度与宽度适中。记录心搏曲线，仔细观察心搏曲线各波段与心脏各部位活动的关系。

⚠ 注意事项

结扎每条线后，应稍等一段时间后再观察蛙心活动情况。

▤ 思考题

（1）斯氏第一结扎后，房室搏动发生什么变化？实验结果表明了什么？

（2）斯氏第二结扎后，房室搏动频率有何不同？实验结果表明了什么？

（3）观察并分析心搏曲线各波段形成的原因。

▤ 讨论题

如何寻找不同动物心脏的起搏点？

实验 5.2　蛙类心室肌的期前收缩与代偿间歇观察

 你知道吗？

◆ 心肌收缩周期可分为哪几个时期？每个时期的特点是什么？

实验目的

（1）学习在体蛙类心搏曲线的记录方法。

（2）通过对期前收缩和代偿间歇的观察，了解心肌兴奋性的变化特点。

（3）通过实验阐述心肌产生期外收缩的条件和代偿间歇出现的机理。

实验原理

心肌的机能特性之一是具有较长的不应期，整个收缩期和舒张早期都是有效不应期。在心室收缩期无论给以何种刺激，心室都不发生反应。在心室舒张期若给予其单个阈上刺激，则产生一次正常节律以外的收缩反应，称为期前收缩。当静脉窦传来的节律性兴奋恰好落在期前收缩的收缩期时，心室不再发生反应，须待静脉窦传来下一次兴奋才会发生收缩。因此，在期前收缩之后会出现一个较长时间的间歇期，称为代偿间歇。

实验对象

蟾蜍或蛙

药品与器材

任氏液、常用手术器械、蛙板（或蜡盘）、蛙心夹、生物信号采集与处理系统、张力换能器、支架、双凹夹、双针形露丝刺激电极、滴管、培养皿（或小烧杯）、纱布、棉线。

方法与步骤

（1）暴露动物心脏，在心脏舒张期用蛙心夹夹住心尖，将系于蛙心夹的线与张力换能器连接，调节张力换能器的高度，使连线保持垂直，松紧适当。实验装置如图 5-2 所示。

（2）打开生物信号采集与处理系统，选择"循环系统—期前收缩实验"项目，并做实验记录。

（3）选择能引起心室发生期前收缩的刺激强度（于心室舒张期调试），分别于心室收缩期和舒张期的早、中、晚给予单个刺激（刺激前后要有三四条正常心搏曲线做对照，不可连续输出两个刺激）。观察心搏曲线有无变化，重复操作得到实验结果。

（4）同步骤（3），加大刺激强度，观察心室肌对额外刺激的反应，结果如图 5-3 所示。

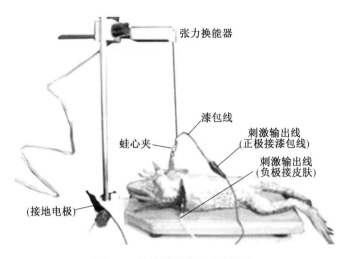

图 5-2　蛙类期前收缩实验装置

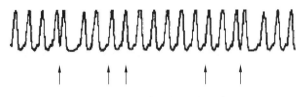

图 5-3　期前收缩与代偿间歇

⚠ 注意事项

（1）实验过程中，应经常用任氏液湿润心脏。

（2）安放在心室上的刺激电极应避免短路。

（3）心搏曲线的上升支应代表心室收缩，下降支应代表心室舒张。若相反，则将张力换能器倒向。

（4）选择适当刺激强度时，可先用刺激电极刺激蟾蜍腹壁肌肉，以检查该强度的刺激是否有效。

思考题

（1）期前收缩和代偿间歇产生的原因是什么？

（2）心肌的不应期长有何生理意义？

（3）本实验为什么不能用连续刺激？于心室收缩期或舒张期的早、中、晚分别给予刺激的实验设计思路是什么？

（4）为何刺激前后要有对照曲线？

讨论题

不同刺激强度、刺激时间对期前收缩幅度有什么影响？

实验 5.3　心音听诊

Q 你知道吗?

◆ 人体心脏跳动的声音是从哪儿发出的?

◆ 人体心脏跳动的声音的响度和性质变化在临床上有什么意义?

实验目的

初步掌握心音听诊方法,学会分辨第一心音和第二心音。

实验原理

心音是心肌收缩、瓣膜关闭等引起的振动产生的声音,可用听诊器或将耳朵直接贴在胸壁上听到。

通常情况下,通过传导只能听到两个心音,即第一心音和第二心音。第一心音标志着心室收缩的开始,特点是音调较低,持续时间较长,响度较大;第二心音标志着心舒期的开始,音调较高,持续时间较短,响度较低。

实验对象

人

药品与器材

听诊器

方法与步骤

(1) 受试者安静端坐,解开上衣,露出胸部。

(2) 确定心音听诊部位,如图 5-4 所示。

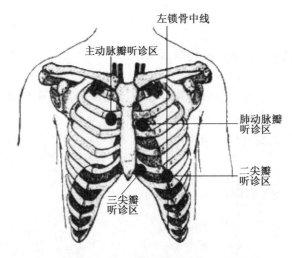

图 5-4　心音听诊部位

① 二尖瓣听诊区：心尖部，即左锁骨中线内侧第五肋间，也可选择心尖搏动处。

② 三尖瓣听诊区：胸骨左缘第四肋间或剑突下。

③ 主动脉瓣听诊区：胸骨右缘第二肋间。

④ 肺动脉瓣听诊区：胸骨左缘第二肋间。

（3）检查者戴好听诊器，右手拇指、食指和中指轻持听诊器胸件置于受试者胸壁上（不要过紧或过松）。按二尖瓣、主动脉瓣、肺动脉瓣及三尖瓣区顺序进行听诊，在胸壁任何部位均可听到两个心音。

（4）检查者应仔细区分第一心音和第二心音，可用左手同时测受试者脉搏，与脉搏同时出现的为第一心音。

（5）比较不同部位两个心音的强弱。

⚠ 注意事项

（1）室内保持安静，如果呼吸音影响听诊，可嘱受试者暂停呼吸。

（2）听诊器的耳器方向应与外耳一致（向前），胶管勿与衣物摩擦。

（3）初次听诊，为更好地区别第一心音和第二心音，可选取心率较慢的对象进行听音操作。

📃 思考题

（1）第一心音与第二心音是怎样形成的？各有什么临床意义？

（2）描述所听到的心音，说出在不同听诊区两个心音有何不同。

（3）根据所听取心音的特点，说出两个心音分别标志心脏活动处于哪个时期。

📃 讨论题

心音增强或减弱分别反映心脏发生什么变化？

实验5.4 人体动脉血压的测定及其影响因素研究

Q 你知道吗?

◆ 什么是血压?

◆ 测定血压的方法有哪些?

实验目的

（1）学习并掌握间接测量人体血压的原理和方法。

（2）观察某些因素对动脉血压的影响。

（3）学习用生物统计学的简易方法处理数据。

实验原理

血液在血管内流动时通常没有声音，但当外加压力使血管变窄形成血液涡流时，就会发出声音（血管杂音）。因此，可以根据血管杂音的变化来测量动脉血压，最常用的方法是使用血压计间接测血压。测血压时，压脉带在上臂或手腕（腕式血压计）处加压，当外加压力超过动脉的收缩压时，动脉血流完全被阻断，此时在动脉处听不到任何声音。当外加压力等于或稍低于动脉内的收缩压而高于舒张压时，则在心室收缩时，动脉内可有少量血流通过，而心室舒张时却无血流通过。血液断续地通过血管时会发出声音。故恰好可以完全阻断血流的最小外加压力（即发生第一次声音时的压力），相当于收缩压。当外加压力等于或小于舒张压时，血管内的血流连续通过，所发出的声音的音调会突然降低或消失。在心室舒张时，有少许血流通过的最大管外压力（即音调突然降低时的压力）相当于舒张压。

在正常情况下，人或哺乳动物通过神经和体液调节保持血压的相对稳定性。但是血压的稳定是动态的，是不断变化的，不是静止不变的。人体的体位、运动、呼吸、温度及大脑的思维活动等因素对血压均有一定的影响。

实验对象

人

药品与器材

冰水、血压计、听诊器（用电子血压计测血压时可不用）。

方法与步骤

1. 测量动脉血压

（1）测量血压前，让受试者脱去一臂衣袖（常取右上臂，右上臂的动脉血压常比左上臂的高 5~10 mmHg），静坐桌旁 5 min 以上。

（2）打开血压表的水银槽开关，松开血压计的橡皮球螺丝帽，驱出袖带内的残留气体后将螺丝帽旋紧。

（3）让受试者将前臂平放于桌上，手掌向上，使上臂中心部与心脏位置同高，将袖带缠于其上臂，袖带下缘距肘关节至少2 cm。袖带松紧适宜，开启水银槽开关。

（4）检查者将听诊器两耳器塞入自己的外耳道，使耳器的弯曲方向与外耳道一致。

（5）先用手在受检者肘窝内侧触及肱动脉脉搏所在部位，然后将听诊器置于其上，如图5-5所示。

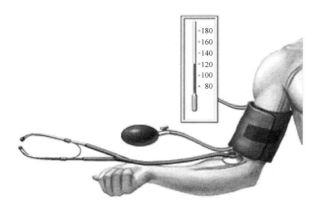

图5-5　人体动脉血压测量法

2. 测量收缩压

检查者挤压橡皮球将空气注入袖带内，使血压表上水银柱逐渐上升到听诊器听不到肱动脉搏动声为止，一般打气至180 mmHg左右。随即松开气球螺丝帽，缓缓放气，以每秒下降2~5 mmHg为宜。在水银柱缓缓下降的同时仔细听诊，当开始听到"崩崩"样的第一声动脉搏动声时，血压计上所示水银柱的高度就代表收缩压。

3. 测量舒张压

使袖带继续缓慢放气，这个过程中声音有一系列的变化，先由低变高，然后突然由高变低，最后完全消失。在声音由高突然变低的这一瞬间，血压表上所示水银柱的高度就代表舒张压；也可以用声音突然消失时血压计所示水银柱的高度代表舒张压。若以后者表示舒张压的值，则须加5 mmHg。

血压记录常以"收缩压/舒张压 mmHg"表示，例如，收缩压为110 mmHg，舒张压为70 mmHg时，记为110/70 mmHg；如果用kPa表示，其换算关系为100 mmHg = 13.33 kPa。

列表记录测得的受检者的血压值（自行设计表格）。

4. 观察实验

（1）受检者加深加快呼吸频率对血压的影响。记录正常血压后，令受检者加深加快呼吸（是正常频率的2倍），1分钟测压。

（2）情绪对血压的影响。待血压恢复正常后，令受检者回忆最气愤的往事，1分钟测压。

（3）肢体运动对血压的影响。让受检者做原地蹲起运动，1 min内完成50~60次，共做1~2 min。运动后立即坐下测血压，并将最大的血压数值记录下来。

（4）冰水刺激对血压的影响。受检者先坐着测量正常血压，然后将手浸入冰水中，1分钟测压。

（5）实验结束后，将实验记录填入表中（自行设计表格）。

（6）数据处理。对实验数据进行统计学处理，求出 P 值，分析实验前后血压的变化有无显著性差异。

⚠ 注意事项

（1）测血压时，室内需保持安静，以利于听诊。

（2）戴听诊器时，务必使耳器的弯曲方向与外耳道（即接耳的弯曲端）方向一致。

（3）测量血压时，无论采取坐位还是卧位，上臂位置都必须与心脏处于同一水平，且上臂不能被衣袖压迫。

（4）听诊器胸器放在肱动脉搏动位置上时不能压得太重，更不能压在袖带底下进行测量；听诊器不能与皮肤接触过松，否则听不到声音。

（5）动脉血压通常连测 2~3 次，取其最低值。重复测定时，必须使袖带内的压力降至 0 后再打气。

（6）发现血压超出正常范围时，应让受检者休息 10 min 后复测。在受检者休息期间，可将袖带解下。

📄 思考题

（1）同一受检者左右臂的血压有无差别？正常数值各是多少？

（2）根据你的操作，你认为哪些因素会对测定的血压产生影响？

📄 讨论题

（1）年龄对人体血压有影响吗？随着年龄增长，血压会出现怎样的变化？

（2）高血压的危害有哪些？如何养成健康的生活习惯？

实验 5.5 蛙类毛细血管血液循环及其影响因素研究

Q 你知道吗？

◆ 蛙类体内的血管有哪些类型？

◆ 血液在不同血管中的流动各有什么特点？

实验目的

（1）观察各种血管内血液流动的特点。

（2）了解某些药物对血管的舒张、收缩活动的影响。

实验原理

蛙类的肠系膜及膀胱壁很薄，在显微镜下可以直接观察其血液循环。根据血管口径的大小、管壁的厚度、分支的情况和血流的方向等可以区分动脉、静脉和毛细血管。

实验对象

蟾蜍或蛙

药品与器材

20% 氨基甲酸乙酯溶液、组织胺溶液（1∶10 000）、去甲肾上腺素溶液（1∶100 000）、任氏液、黄蜡油或 502 胶、常用手术器械、显微镜、玻璃板或载玻片、塑料环或玻璃环（直径 7~8 mm，高 3~4 mm，边缘光滑）、蛙循环板（带孔的薄木板，孔直径 2.5~3 cm）、2 mL 注射器、滴管。

方法与步骤

1. 麻醉

取一只蟾蜍或蛙，称重后于其皮下后淋巴囊注入 20% 氨基甲酸乙酯溶液（3 mg/g 体重）进行麻醉，如图 5-6 和图 5-7 所示。

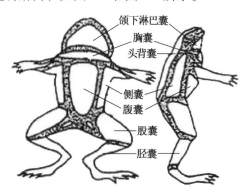

颌下淋巴囊
胸囊
头背囊
侧囊
腹囊
股囊
胫囊

图 5-6 蛙的淋巴囊

图 5-7 蛙淋巴囊注射法

2. 血液循环标本的制作方法

（1）先在塑料环或玻璃环一端的边缘涂上少许黄蜡油，使其黏附在干净的玻璃板上，环内加几滴任氏液。再将麻醉的蟾蜍背位置于玻璃板上，使其右侧面紧靠小环。用手术镊轻轻提起其右侧腹壁，用手术剪在腹壁上剪一长约 1 cm 的纵向开口。从开口处轻轻拉出小肠袢，将肠系膜平铺在小环上（勿拉破系膜），在显微镜下可观察肠系膜的血液循环，如图 5-8 所示。

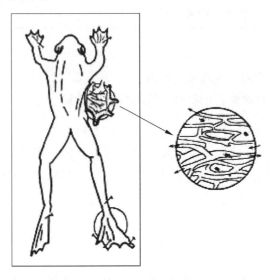

图 5-8　蛙血液循环的观察

（2）将麻醉的蟾蜍背位置于蛙循环板上，使其腹部靠近循环板孔，再将载玻片的一端靠腹部并盖在循环板孔上。用手术镊提起其靠近循环板侧的腹部皮肤，先沿纵向剪开皮肤，切口约长 1.5 cm，再剪开腹壁肌肉。由于蟾蜍膀胱壁薄且充满尿液，有压力，因此用手术镊支开切口，再将对侧的体位稍加抬高，膀胱就会借着尿液流动的压力自动移到体外的载玻片上，在显微镜下可观察膀胱的血液循环。

3. 观察血液循环

在低倍镜下观察血液循环，识别动脉、静脉、小动脉、小静脉、毛细血管、动静脉吻合支及直捷通路等各类血管，它们的区别见表 5-2。

4. 观察血流变化

（1）在肠系膜或膀胱上滴几滴组织胺溶液，观察血流的变化。出现变化后立即用任氏液冲洗。

（2）待血流恢复正常后，再滴几滴去甲肾上腺素溶液，观察血流变化。

表 5-2　低倍镜下各类血管的区别

血管类别	血管壁	血管口径	血流方向	血液颜色	血流速度
动脉	厚，有肌层	较大	由主干向分支	鲜红	快，有搏动，有轴流
小动脉	薄，有平滑肌纤维	小	由主干向分支	鲜红	快，有搏动

续表

血管类别	血管壁	血管口径	血流方向	血液颜色	血流速度
毛细血管	极薄，透明或看不到	极小，只有红细胞一个一个地通过	由小动脉向小静脉	红黄透亮	极慢，在真毛细血管内可见一个一个红细胞变形通过，时走时停
小静脉	薄，膜状	较小	由分支向主干	暗红	较慢，血流均匀
静脉	有薄肌层	大	由分支向主干	暗红	快，血流均匀

⚠ 注意事项

（1）实验中不可碰破膀胱，以免尿液流出影响实验结果。

（2）提夹腹壁肌时，只能夹肌肉层，不能牵连内脏器官。

📑 思考题

（1）不同血管的形态及血流特点如何与生理机能相适应？

（2）分析不同药物引起血流变化的机制。

📑 讨论题

如果在冬季或气温较低的情况下进行本实验，可以采取怎样的措施来提升实验效果？

第 6 章　呼吸生理

实验 6.1　呼吸通气量的测定

Q 你知道吗？

◆ 反映肺呼吸功能的指标有哪些？

◆ 肺呼吸功能有哪些检测方法？

实验目的

掌握呼吸通气量的测定方法。

实验原理

人因性别、年龄及运动情况不同，呼吸通气量也不同。人在平静状态下每次呼吸的气量约 500 mL，称为潮气量。人可以在正常吸气以后，再用力吸入更多的气体；也可以在正常呼气之后，继续用力呼气。本实验就是测量这些呼吸通气量的变化。

实验对象

人

药品与器材

75%酒精、酒精棉球、单筒肺量计、记录纸、橡皮接口、鼻夹、烧杯。

方法与步骤

1. 仪器准备

单筒肺量计的主要部件包括测量装置、记录装置和通气管。

（1）测量装置

测量装置由两个对口套装的圆筒构成。外筒口向上，筒内有 3 根通气管。内筒又称浮筒，当外筒灌满水后，通过吹气口向通气管内充气时，内筒可以上浮。根据筒内气体增加的容积，可测出吹入气体的量。

（2）记录装置

浮筒顶端有一根吊线，浮筒内容积的变化可以牵动吊线，而吊线的活动又可通过记录笔描记到记录纸上。因此，可以根据需要选择走纸速度，描记出呼吸通气量的曲线。

（3）通气管

通气管共 3 根，开口于浮筒底部。一根是充氧管，可与外界气体相通，用以调节浮筒内气体成分。另外两根通气管分别装有碱石灰和鼓风机（用于吸收 CO_2 和推动气流），与吹气口三通管相通。

测量前先将外筒装水至水位表要求的刻度。开放氧气接头，使筒内装有一定量的空气，然后关闭氧气口。转动三通管的开关，关闭肺量计，检查是否漏气。打开电源开关，准备好描笔及记录纸。将描笔调节到记录鼓的中部位置。

2. 肺通气功能的测定

受检者将消毒橡皮接口连到三通管上，然后用牙齿咬住接口的两条根，将橡皮口片置于口腔前庭，用鼻夹夹鼻。转动三通管的开关，启动记录键，即可测量并记录呼吸通气量的变化。

3. 潮气量的测定

每次平静呼吸时吸入和呼出空气的容积约 500 mL。进行这项测量时，不要用力呼吸。记录气量并重复测 3 次。然后计算平均潮气量，填入表 6-1 中。

4. 补吸气量的测定

正常人吸气之后再用力吸气的通气量约 2 800 mL。正常呼吸 2~3 次后尽量深吸气，随后正常将其呼入（不要用力）肺量计内，记录其气量并重复 3 次。用测得的数值减去潮气量即为补吸气量，然后计算平均补吸气量。

5. 补呼气量的测量

正常人呼气之后再用力呼气的气量约 1 000 mL。正常呼吸 2~3 次后用力呼气，重复 3 次，计算平均补呼气量。

6. 肺活量的测量

肺内全部可交换气量（即潮气量+补吸气量+补呼气量）约 4 500 mL。正常呼吸 2~3 次后深吸气和呼气，记录通气量，并重复 3 次。

7. 计算每分钟呼吸通气量

$$每分钟呼吸通气量 = 潮气量 \times 每分钟的呼吸次数$$

表 6-1 呼吸通气量的测量

项目	潮气量/mL	补吸气量/mL	补呼气量/mL	肺活量/mL	呼吸通气量/（mL·min^{-1}）
1					
2					
3					
平均值					

思考题

(1) 呼吸通气量受哪些因素影响?

(2) 呼吸通气量如何调节?

讨论题

(1) 测定肺活量时可以改变身体姿势吗?

(2) 为什么肺活量的测定要取最大值?

实验 6.2　胸膜腔内压的测定及气胸的观察

> **Q 你知道吗?**
>
> ◆ 哺乳动物胸腔的体腔膜有几层?
> ◆ 胸膜腔对肺功能有什么作用?
> ◆ 什么是胸膜腔内压? 它是如何形成的?
> ◆ 如何测定胸膜腔内压?

实验目的

（1）学习胸膜腔内压的测定方法。
（2）了解引起胸膜腔内压变化的因素。

实验原理

哺乳动物平静呼吸时,胸膜腔内的压力虽随呼气和吸气有所升降,但始终低于大气压,称为胸膜腔内压。若紧闭声门而用力呼气,则在肺内压远高于大气压时,胸膜腔内压可高于大气压而呈正压。若因创伤或其他原因使胸膜腔与大气相通,外界空气进入胸腔形成气胸,则胸膜腔内压便和大气压相等,不再呈负压,肺亦随之萎缩。

实验对象

家兔

药品与器材

20%氨基甲酸乙酯溶液、兔手术台、哺乳动物手术器械一套、生物信号采集与处理系统、血压换能器、张力换能器、铁支架、小滑轮、胸内套管（或粗的穿刺针头）、气管套管、50 cm 橡皮管一条、20 mL 注射器。

方法与步骤

1. 装置仪器

将胸内套管（或粗的穿刺针头）的尾端用硬质塑料管连至压力换能器（换能器内不灌注液体）,压力换能器的连接线连接至生物信号采集与处理系统。在胸膜腔穿刺之前,压力换能器经胸内套管（或粗的穿刺针头）与大气相通。

2. 手术准备

自家兔耳缘静脉注入 20%氨基甲酸乙酯溶液（5 mL/kg 体重）,将其背位固定于兔手术台上,剪去右侧胸部和剑突部位的毛。在兔右胸第 4 和第 5 肋骨之间沿肋骨上缘做一长约 2 cm 的皮肤切口。将胸内套管的箭头形尖端从肋间插入胸膜腔后,迅速旋转90°并向外牵引,使箭头形尖端的后缘紧贴胸廓内壁;使胸内套管的长方形固定片同肋骨方向垂直,旋紧固定螺丝,使胸膜腔保持密封而不致漏气。此时,系统中可见压力曲线下降,表示胸膜腔内压低于大气压,为生理负值。

若用粗的穿刺针头（或粗针头尖端磨圆、侧壁另开数小孔）代替胸内套管，则不需要切开皮肤即可插入胸膜腔，然后用胶布将针尾固定于胸部皮肤上。但此法针头易被血凝块或组织堵塞，应多加注意。

3. 观察气胸

（1）平静呼吸时的胸膜腔内压：记录家兔平静呼吸时胸膜腔内压的变化，比较吸气时和呼气时胸膜腔内压的变化情况。

（2）气胸时胸膜腔内压的变化：先将其上腹部切开，下推内脏，可观察到膈肌运动，然后沿第7肋骨上缘切开皮肤，用止血钳分离切断肋间肌及壁层胸膜，造成长约1 cm 的创口，使胸膜腔与大气相通形成气胸。观察肺组织是否萎陷，胸膜腔内压是否仍低于大气压并随呼吸而升降。

（3）恢复胸膜腔密闭状态时的胸膜腔内压：迅速关闭创口，用注射器抽出胸膜腔中的气体，观察胸膜腔内压是否重新出现、随呼吸运动是否发生变化。

⚠ 注意事项

（1）插胸内套管时，切口不宜过大，动作要迅速，以免过多空气漏入胸膜腔。

（2）用穿刺针时，不要插得过猛过深，以免刺破肺组织和血管，导致气胸和出血过多。

（3）形成气胸后可迅速封闭漏气的创口，用注射器抽出胸膜腔内的气体，此时胸膜腔内压可重新呈负压。

思考题

（1）分析胸膜腔内压的形成机制。

（2）分析各项实验结果。

（3）平静呼吸时，胸膜腔内压为何始终低于大气压？在什么情况下胸膜腔内压会高于大气压？

讨论题

（1）人体发生气胸的原因有哪些？发生气胸后怎么办？

（2）气胸对呼吸和循环有何影响？

实验 6.3　膈神经放电及其影响因素研究

Q 你知道吗?

◆ 膈肌对呼吸运动有什么作用?

◆ 膈肌运动受什么神经支配?

实验目的

同步记录呼吸运动和膈神经放电,分析二者的关系,加深对呼吸节律来源的认识。

实验原理

正常的节律性呼吸运动来自呼吸中枢,呼吸中枢的活动通过传出神经(膈神经)和肋间神经引起膈肌和肋间肌的收缩。用引导电极引导膈神经动作电位发放(放电)或记录膈肌放电,都可作为呼吸运动的指标。

实验对象

家兔

药品与器材

20%氨基甲酸乙酯、生理盐水、兔手术台、哺乳动物手术器械、神经放电引导电极、呼吸传感器、万能支架、注射器(5 mL 和 20 mL)。

方法与步骤

1. 麻醉固定

称重,用 20%氨基甲酸乙酯在家兔耳缘进行静脉注射麻醉(5 mL/kg 体重),麻醉后将其背位固定于手术台上。

2. 手术操作

(1)颈部剪毛,沿颈正中线切开皮肤 5~6 cm,分离皮下组织,插好气管插管。分离出两侧迷走神经,穿线备用。

(2)分离膈神经:在一侧颈部的胸锁乳突肌和颈外静脉之间向深处分离直到脊柱肌,可见脊柱外侧粗大横行的臂丛神经,在颈椎旁的肌肉上可见一细的垂直下行的神经分支,在较粗大的臂丛神经的内侧横过并与之交叉,与气管平行进入胸腔。用玻璃分针将膈神经分离约 2 cm,穿线备用。

3. 仪器调试

将膈神经放置于悬空的引导电极上,输入 1 通道,将颈部一侧皮肤接地。1 通道选"神经放电",音箱输入线插入监听插孔。

(1)打开生物信号采集与处理系统。

(2)输入信号的选择:信号输入→通道 1 或其他通道→神经放电。

4. 实验观察

(1)观察膈神经放电与呼吸运动的关系,如图 6-1 所示。注意放电的群集性、放电频率和持续时间、放电时间与吸气相时间的关系，仔细听取膈神经放电的典型声音。

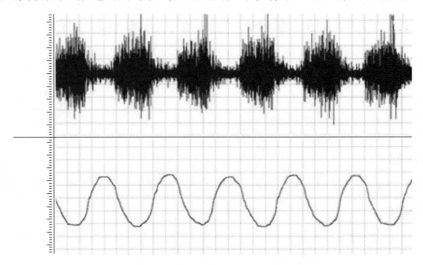

上线：正常膈神经放电 　　下线：同步记录呼吸曲线

图 6-1　膈神经放电

（2）夹闭气管插管，观察膈神经放电变化。

（3）在夹闭气管插管、结扎并剪断迷走神经等情况下，分别观察膈神经的放电情况。

⚠ 注意事项

（1）分离膈神经的动作要轻柔，不能损伤神经，分离要完全。

（2）引导电极尽量放在膈神经外周端，信号不好时可向中枢端移动。

（3）若膈神经放电记录不成功，可改记录膈肌放电。用两个注射针头沿肋缘刺入膈肌，注意不要穿透刺破肺脏。用生物电引导线引导膈肌放电（打开生物信号记录分析系统后，通道选择的实验项目为"肌电"，其余操作同膈神经放电。）

📑 思考题

膈神经和迷走神经在呼吸运动的调节中各有何作用？

📑 讨论题

如何判断膈神经是传入神经还是传出神经？

实验 6.4　人体呼吸运动的描记及其影响因素研究

Q 你知道吗?

◆ 什么是呼吸运动?

◆ 呼吸运动分为哪几个阶段?

实验目的

(1) 学习描记人体呼吸运动的方法。

(2) 观察若干因素对呼吸运动的影响。

实验原理

呼吸时胸廓大小的变化可以通过呼吸传感器(张力换能器或压力换能器)记录下来,称为呼吸运动曲线,它可用于观察某些因素对呼吸运动的影响。

实验对象

人

药品与器材

冰水、呼吸传感器及胸带、生物信号采集与处理系统、大塑料袋、氧气袋、缝针、棉线、鼻夹。

方法与步骤

1. 实验准备

开启生物信号采集与处理系统,接通呼吸传感器的输入通道(可用张力输入信号),请受试者取坐位,将连有呼吸传感器的胸带在受试者胸部呼吸起伏最明显的水平位置围绕一周,适度调整松紧度。启动波形显示图标,调整增益和扫描速度,使正常呼吸曲线清楚地显示出来。仔细观察呼吸运动曲线方向与呼气或吸气的关系。

2. 实验观察

(1) 受试者平稳正常呼吸 1~2 min,观察呼吸曲线的频率及幅度。

(2) 过度通气:先记录一段正常通气的呼吸曲线做对照,然后让受试者做极快、极深呼吸 1~2 min,观察并记录深、快呼吸后呼吸运动的暂停现象。注意记录呼吸暂停的持续时间与恢复过程。

(3) 在一封闭系统中过度通气:先记录一段平和呼吸运动曲线做对照,然后让受试者对着一个封闭的大塑料袋用鼻子呼吸,重复步骤(2),记录过度通气后的呼吸运动曲线,并比较步骤(3)与步骤(2)有何不同。

(4) 在一封闭系统中重复呼吸:先记录一段平和呼吸运动曲线做对照,然后用大塑料袋罩住受试者口鼻或套住其整个头部,让受试者对着袋子呼吸并连续记录,每隔 2 min 观察呼吸频率和幅度的变化。当受试者感到呼吸困难时,停止实验。

（5）缺氧呼吸：先记录一段平静呼吸的运动曲线做对照，然后用大塑料袋套住受试者的整个头部，袋内放入一小包碱石灰，吸收呼出气体中的 CO_2 和水汽，并连续记录呼吸运动曲线的变化。当受试者感觉呼吸困难时，立即停止实验。

（6）精神集中：先记录一段平和呼吸运动曲线做对照，然后请受试者穿针或朗诵，记录其呼吸运动曲线。这一实验可观察延髓以上高级中枢对呼吸运动的影响。

（7）屏息：先记录一段平和呼吸运动曲线做对照，然后让受试者尽量屏息，同时记录屏息的持续时间，于屏息达到最高限度后重新呼吸时，观察呼吸运动曲线的变化。

（8）增加呼吸道阻力：先记录一段平和呼吸运动曲线做对照，然后用鼻夹夹住受试者鼻孔，请其闭口呼吸半分钟，观察呼吸运动曲线的变化。

（9）体育运动：先记录一段平和呼吸运动曲线做对照，然后让受试者做蹲起 1 min（60 次左右），立即记录呼吸变化。

（10）冷刺激：请受试者闭目，记录一段正常呼吸运动曲线做对照，然后将受试者的一只手浸入冰水中，观察其呼吸运动的变化情况。

（11）情绪：请受试者闭目，记录一段平和呼吸运动曲线做对照，然后请受试者回忆令其气愤的事件，观察其呼吸运动的变化情况。

每项实验后要记录一段恢复过程的曲线。

3. 记录实验结果

记录每项实验的结果，记录呼吸频率与呼吸幅度的变化及变化的形式。

思考题

（1）分析并讨论各种因素引起呼吸运动变化的机理。

（2）为什么每项实验前都要记录对照曲线，实验后要记录一段恢复过程的曲线？

（3）试说明呼吸与心电、脉搏的关系。

讨论题

人体呼吸运动的改变涉及哪些神经过程？

第 7 章　消化生理

实验 7.1　离体肠段平滑肌的生理特性及其影响因素研究

Q 你知道吗？

◆ 小肠平滑肌有哪些特性？

◆ 与骨骼肌和心肌相比，小肠平滑肌有什么特性？

实验目的

（1）学习哺乳动物离体器官灌流的方法。

（2）了解肠段平滑肌的生理特性。

实验原理

哺乳动物消化管平滑肌具有肌组织共有的特性，如兴奋性、传导性和收缩性等。但消化管平滑肌又有其自身的特点，即兴奋性较低，收缩缓慢，富有伸展性，具有紧张性和自动节律性，对化学、温度和机械牵张刺激较敏感等。将离体组织器官置于模拟体内环境的溶液中，可在一定时间内使其保持功能。本实验以台氏液为灌流液，在体外观察及记录哺乳动物离体肠段的一般生理特性。

实验对象

家兔

药品与器材

台氏液、肾上腺素溶液（1∶10 000）、乙酰胆碱溶液（1∶10 000）、阿托品针剂（1 支）、麦氏浴槽、支架、烧瓶夹、酒精灯（电炉）或恒温平滑肌槽、烧杯（500 mL 3 个、100 mL 1 个）、20 mL 注射器、张力换能器、生物信号采集与处理系统、温度计（2 支）。

方法与步骤

1. 了解恒温平滑肌槽

恒温平滑肌槽为自供液式，恒温工作点定在 38 ℃左右。使用前应先将肌槽刷洗干净，注意不要弄湿底座，以免引起短路。浴锅中加满蒸馏水或自来水，向灌流浴槽内加台氏液至浴槽高度的 2/3 处，实验时每次加台氏液均以此高度为参考水平。

2. 制备标本

用木槌击打兔头枕部致其昏迷，迅速剖开其腹腔，找出胃与十二指肠的交界，用线结扎，在结扎线近胃侧剪断小肠，将与肠管相连的肠系膜沿肠管剪开，立即取出长 20~30 cm 的肠管。先把离体的肠段置于 4 ℃ 左右的台氏液中轻轻漂洗，然后将肠管分成数段，每段长 2~3 cm，用线结扎其一端，另一端钩在灌流浴槽的标本固定钩上，将结扎线的一端与万能杠杆的短臂或张力换能器相连，如图 7-1 所示。

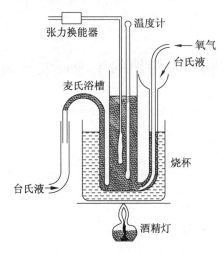

图 7-1　离体肠段灌流装置

3. 连接仪器

开启生物信号采集与处理系统，接通与张力换能器相连的通道。固定 L 管并调节扎线与张力换能器，使肠段既运动自如又能牵动传感器（扎线不可贴壁或过紧、过松）。调节扫描速度，使肠段的运动曲线清晰地显示在显示器上，记录肠段活动曲线。

4. 观察实验

（1）记录对照肠段运动曲线后，停止供气 1 min 并记录曲线变化，同时观察肠段紧张度变化。当出现明显变化后，立即恢复供气。用新鲜的 37 ℃ 台氏液冲洗肠段，待其恢复正常（注意做好标记）。

（2）记录对照肠段运动曲线后，加入 25 ℃ 台氏液，并记录曲线变化，同时观察肠段紧张度变化。当肠段紧张度出现明显变化时，立即用新鲜的 37 ℃ 台氏液冲洗肠段，待其恢复正常。

（3）加入 45 ℃ 台氏液并记录曲线变化，同时观察肠段紧张度变化。当出现明显变化时，立即用新鲜的 37 ℃ 台氏液冲洗并待其恢复正常。

步骤（1）~（3）的流出液中未加入药物，可以回收使用。

（4）加入 2 滴肾上腺素溶液（1∶10 000），观察并记录曲线变化。

（5）加入 1~2 滴乙酰胆碱溶液（1∶10 000），观察并记录曲线变化。

（6）加入 3 滴阿托品针剂后，立即加入与步骤（5）同样剂量的乙酰胆碱溶液，观察并记录曲线变化。

步骤（4）~（6）因加入药物，故流出液不可回收使用。

比较步骤（5）和步骤（6）记录的曲线有何不同。

⚠ 注意事项

（1）加药前必须准备好更换用的 37 ℃台氏液。

（2）上述各药液加入的量均为参考数据，效果不明显时可以补加，但切不可一次加药过多，浴槽内的台氏液要保持一定高度。

（3）实验收到明显效果后，应立即更换浴槽内的台氏液，并冲洗浴槽 2~3 次，以免平滑肌出现不可逆反应。

（4）浴槽内的温度应保持在 38 ℃，不能过高或过低。

（5）游离及取出肠段时，动作要快。取兔肠及进行兔肠穿线时，尽可能不用金属及手指触及。为保持离体肠段的活性，可先预冷充氧的营养液，游离肠段及穿线在预冷的营养液中进行。实验过程中始终要通气。

📃 思考题

（1）本实验是否可用麻醉动物的肠段？为什么？

（2）进行哺乳动物离体组织器官实验时，需要控制哪些条件？

（3）为什么加入某些药物会引起离体肠段活动的变化？其机理是什么？

（4）加入阿托品后再加入乙酰胆碱，肠段活动受到抑制，为什么？

（5）根据实验结果说一说平滑肌的生理特性。

📃 讨论题

（1）试比较维持哺乳动物离体小肠平滑肌活动和维持离体蛙心活动所需的条件有何不同，为什么？

（2）在平滑肌灌流液中增大钾离子浓度会产生什么效果？为什么会有这样的效果？

第8章 泌尿生理

实验8.1 尿生成的影响因素研究

尿生成实验现象

Q 你知道吗?

◆ 肾脏中与尿生成相关的结构有哪些?

◆ 肾脏中与尿生成相关的各结构的功能是什么?

◆ 肾脏中与尿生成相关的各结构的功能受哪些因素影响?

实验目的

(1) 学习用输尿管插管法记录尿量的方法。

(2) 观察几种因素对尿生成的影响。

实验原理

尿生成的过程包括肾小管的滤过作用、肾小管与集合管的重吸收作用及肾小管与集合管的分泌作用。凡是影响这些过程的因素,都会因影响尿的生成,从而引起尿量变化。

实验对象

家兔

药品与器材

20%或25%氨基甲酸乙酯溶液、10%葡萄糖溶液、肝素(200 U/mL)、温热生理盐水(38 ℃)、肾上腺素溶液(1:10 000)、抗利尿激素(5 U/mL)、兔手术台、手术器械、生物信号采集与处理系统、压力换能器、保护电极、记滴器、动脉插管、输尿管插管、10 mL量筒、接尿器皿、注射器(2 mL和20 mL)。

方法与步骤

1. 实验准备

将动物称重、麻醉、固定,做好颈部手术前准备。

2. 颈部手术

（1）暴露气管，进行气管插管。

（2）分离左侧颈总动脉，按常规法将充满肝素生理盐水的动脉插管插入其内，并通过压力换能器连至记录装置，描记血压。

（3）分离右侧的迷走神经，穿线备用，用浸过温热生理盐水的纱布覆盖创面。

3. 尿液收集（图 8-1）

（1）膀胱导尿法：自耻骨联合上缘向上沿正中线做 4 cm 长的皮肤切口，沿腹白线剪开腹壁及腹膜（勿伤及腹腔脏器），找到膀胱，将膀胱向尾侧翻至体外（勿使肠管外露，以免血压下降）。于膀胱底部找出两侧输尿管，以及两侧输尿管在膀胱开口的部位。小心地从两侧输尿管下方穿一丝线，将膀胱上翻，结扎膀胱颈部。然后在膀胱顶部血管较少处做一荷包缝合，再在其中央剪一小口，插入膀胱导管，收紧缝线、结扎固定。膀胱导管的喇叭口应对着输尿管开口处并紧贴膀胱壁。膀胱导管的另一端通过橡皮导管和直管连接至记滴器，它们之间充满生理盐水。

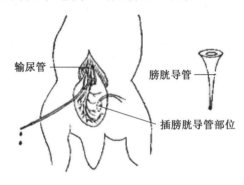

图 8-1　兔输尿管及膀胱导尿法

（2）输尿管插管法：沿膀胱找到并分离两侧输尿管，在靠近膀胱处穿线将其结扎；再在此结扎前约 2 cm 的近肾端穿一根线，在管壁剪一斜向肾侧的小切口，插入充满生理盐水的细塑料导尿管并用线扎住固定，此时可看到有尿液滴出。再插入另一侧输尿管导管，将两插管并在一起连至记滴器。操作完成后，用浸过温热生理盐水的纱布覆盖腹部切口。

4. 仪器连接

将压力换能器接在 2 通道上，尿滴记录线接在记滴器上，通过记滴器与系统的 4 通道连接，描记尿的滴数。刺激电极与系统的刺激输出相连。

手术和实验装置连接完成后，放开动脉夹，启动记滴器，记录血压及尿量。

5. 实验观察

（1）记录一段较稳定的血压与尿量后，自家兔耳缘静脉注射温热生理盐水 30 mL（注射速度稍快些），观察并记录指标变化。

（2）待血压、尿量平稳后，同上法注射肾上腺素溶液 0.2～0.5 mL，记录指标变化。

（3）待血压、尿量平稳后，注射 15 mL 葡萄糖溶液，记录指标变化。

（4）待血压、尿量平稳后，注射抗利尿激素 2 U，记录指标变化。

（5）从颈总动脉处分段放血，观察指标变化。

（6）将实验结果填入自己绘制的表格中并分析。

⚠ 注意事项

（1）选择家兔的体重在 2.5~3.0 kg 为宜，实验前多给兔子喂菜叶，或用橡皮导尿管向兔胃内灌入 40~50 mL 清水，以增加基础尿量。

（2）手术动作要轻柔，腹部切口不宜过大，以免造成损伤性闭尿。剪开腹壁时避免伤及内脏。

（3）因实验中要多次进行耳缘静脉注射，故应注意保护好兔的耳缘静脉。应从耳缘静脉的远端开始注射，逐渐向耳根推进。

（4）输尿管插管时，注意避免插入管壁或周围的结缔组织中；插管要妥善固定，不能扭曲，否则会阻碍尿的排出。

（5）实验顺序的安排是在尿量增加的基础上进行减少尿生成的实验项目，在尿量减少的基础上进行促进尿生成的实验项目。需在上一项实验作用消失，血压、尿量基本恢复正常水平时再开始下一项实验。

（6）刺激迷走神经的强度不宜过高，时间不宜过长，以免导致家兔血压过低，心跳停止。

💡 可能出现的问题与解释

◇ 问题：开始实验尚未给药时，尿量就很少或无尿。

解释：（1）兔体缺水。

（2）兔本身机能状况低下。

（3）输尿管插管未插入输尿管内、输尿管堵塞或输尿管扭曲。

（4）腹部切口过大，引起抗利尿激素分泌，血压下降，尿量减少。

（5）气温太低，动物未保温，血管收缩，尿量减少。

📋 思考题

（1）静脉快速注射生理盐水对尿量和血压有何影响？为什么？

（2）静脉注射去甲肾上腺素对尿量和血压有何影响？为什么？

（3）静脉注射葡萄糖对尿量和血压有何影响？为什么？

（4）电刺激迷走神经外周端对尿量和血压有何影响？为什么？

📋 讨论题

抗利尿激素引起血压变化和尿量变化的机理是什么？

第9章　中枢神经生理

实验9.1　反射时的测定与反射弧的分析

> **你知道吗?**
>
> ◆ 什么是反射、反射弧及反射时?
> ◆ 测定反射时有什么临床意义?

实验目的

（1）学习测定反射时的方法。

（2）了解反射弧的组成。

实验原理

从皮肤接受刺激至机体出现反应的时间为反射时。反射时是反射通过反射弧所用的时间，完整的反射弧则是反射的结构基础。反射弧的任何一部分缺损，原有的反射都不再出现。由于脊髓的机能比较简单，因此选用只毁脑的动物（如脊蛙或脊蟾蜍）为实验材料，这样更利于观察和分析。

实验对象

蟾蜍或蛙

药品与器材

0.5%及1%硫酸溶液、2%普鲁卡因溶液、常用手术器械、支架、蛙嘴夹、蛙板、蛙腿夹、小烧杯、小玻璃皿（2个）、小滤纸片、棉花、秒表、纱布。

方法与步骤

（1）取一只蟾蜍（或蛙），制备脊蟾蜍（或脊蛙），将其以腹位固定于蛙板上。剪开其右侧股部皮肤，分离出坐骨神经，穿线备用。

（2）如图9-1所示，取下蛙腿夹，用蛙嘴夹夹住脊蟾蜍（或脊蛙）下颌，将其悬挂于支架上。将脊蟾蜍（或脊蛙）

图9-1　反射弧分析

右后肢的最长趾浸入 0.5% 硫酸溶液中 2~3 mm（浸入时间不超过 10 s），立即记录时间（以秒计算）。当出现屈反射时，停止计时，此为屈反射时。立即用清水冲洗受刺激的皮肤并用纱布擦干。重复测定屈反射时 3 次，求出均值作为右后肢最长趾的屈反射时。用同样的方法测定左后肢最长趾的屈反射时。

（3）用手术剪自其右后肢最长趾基部环切皮肤，再用手术镊剥净长趾上的皮肤。用硫酸刺激去皮的长趾，记录结果。

（4）改换右后肢有皮肤的趾，将其浸入硫酸溶液中，测定屈反射时，记录结果。

（5）取一浸过 1% 硫酸溶液的滤纸片，贴于脊蟾蜍（或脊蛙）右侧背部或腹部，记录擦或抓反射的反射时。

（6）用一细棉条包住分离出的坐骨神经，在细棉条上滴几滴 2% 普鲁卡因溶液后，每隔 2 min 重复步骤（4），记录开始加药时间。

（7）当屈反射刚刚不能出现时（记录时间），立即重复步骤（5）。每隔 2 min 重复一次步骤（5），直到擦或抓反射不再出现为止（记录时间）。记录开始加药至屈反射消失的时间及开始加药至擦或抓反射消失的时间，以及反射时的变化。

（8）将其左侧后肢最长趾再次浸入 0.5% 硫酸溶液中（条件不变），记录反射时有无变化。毁坏脊髓后重复实验并记录结果。

⚠ 注意事项

（1）每次实验时，要使动物皮肤接触硫酸的面积不变，应保持相同的刺激强度。

（2）浸入硫酸的部位应限于趾尖，勿浸入太多。

（3）刺激实验结束后要立即洗去硫酸，以免损伤皮肤。

思考题

（1）以实验结果为根据，用严密的逻辑推理方式说明反射弧由哪几部分组成。

（2）在本实验中，屈肢反射的反射弧具体包括哪些部分？

（3）如果将硫酸刺激改为电刺激，实验结果会如何变化？为什么？

讨论题

测定反射时要求所用的硫酸溶液浓度由低到高，为什么？

实验9.2　观察脊髓反射的抑制

Q 你知道吗?

◆ 脑和脊髓的结构有什么不同?

◆ 脑和脊髓对于反射的控制有什么差异?

实验目的

(1) 观察中枢抑制与交互抑制现象。

(2) 了解脊髓反射的功能特性。

实验原理

中枢的兴奋和抑制同时存在又相互影响。脊髓反射的中枢之间,以及高位脑和脊髓对低位脊髓反射中枢存在抑制作用,这些抑制作用保证了机体活动的协调性。

实验对象

蟾蜍或蛙

药品与器材

0.5%硫酸溶液、任氏液、滤纸、烘干的浸盐滤纸片、蛙板、常用手术器械、生物信号采集与处理系统、张力换能器(2个)、蛙嘴夹、蛙腿夹、支架、秒表、小烧杯、培养皿、滴管。

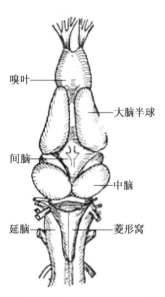

图9-2　蛙类脑背面观

方法与步骤

1. 中枢抑制(谢切诺夫抑制)

(1) 取一只蟾蜍或蛙用纱布包住,沿头部中线纵向切开并剪去颅顶皮肤,用剪刀自鼻孔向后小心打开颅骨,去掉脑膜,暴露脑组织,如图9-2所示。

(2) 用手术刀在间脑处做一横切,然后将蟾蜍或蛙挂在支架上。用干净滤纸片吸干脑断面上的液体。

(3) 待蟾蜍或蛙安定后,用0.5%硫酸溶液刺激其一侧后肢,测定3次屈反射时。

(4) 取一片烘干的浸盐滤纸片放在视叶断面上,立即按步骤(3)测定屈反射时,观察并记录反射时的变化。待反射时明显延长后,移去浸盐滤纸片,用任氏液冲洗断面,再测定反射时,观察抑制是否解除。

2. 交互抑制(选做)

(1) 将蟾蜍或蛙放下,在一侧后肢膝关节处做环行切口,剥去小腿皮肤。

(2) 分别结扎并剪断胫前肌在足背上两附着点的肌腱,提起肌腱游离胫前肌。

（3）结扎并剪断小腿后部的腓肠肌肌腱，游离腓肠肌。

（4）固定蟾蜍或蛙的膝关节和髋关节，将胫前肌和腓肠肌肌腱结扎线分别连接在两个张力换能器上（注意调整松紧度）。

（5）用较强的连续脉冲刺激其同侧背部皮肤，记录肌肉收缩曲线，可见腓肠肌收缩、胫前肌舒张。

思考题

（1）中枢抑制实验中，反射时为何延长？试分析其原因。

（2）分析拮抗肌交互抑制的原因及其意义。

（3）交互抑制实验中，为何收缩曲线的幅度大于舒张曲线的幅度？

讨论题

将蟾蜍或蛙的另一侧后肢用夹子夹住，可见原有的屈反射被抑制，为什么？

实验 9.3　观察反射中枢活动的某些基本特征

你知道吗？

◆ 什么是反射？

◆ 什么是神经中枢？

◆ 神经中枢包括哪几个部分？

实验目的

观察脊髓反射及其特征。

实验原理

脊髓是中枢神经系统的低级中枢，机能比较简单，便于观察。脊髓反射时，通过改变刺激强度、刺激频率或加以外界干扰，中枢会出现一系列的活动。如果将阈下强度的刺激重复作用于皮肤的同一部位，只要间隔时间适当，就会因兴奋的总和而引起反射，称为时间总和。如果相邻几处皮肤同时受到一定强度阈下刺激，兴奋也可以综合起来而出现反射，称为空间总和。若给予较强的阈上刺激，则在刺激停止后的短时间内，原来引起的反射仍可持续发生。这种对传入神经停止刺激后，传出神经仍可在一定时间内继续发出冲动的现象称为后放。若随刺激强度的增加，反射活动范围也扩大，则称为扩散；若脊髓中枢内较高部位受到强的阈上刺激，就会因兴奋或抑制而影响相邻中枢的活动，最终低部位中枢的反射活动受影响，称为抑制。在脊椎反射恢复的后期，会出现较复杂的节间反射。节间反射是某节段神经元发出的轴突与邻近上下节段的神经元发生联系，通过上下节段之间神经元的协同活动产生的一种反射活动。例如，刺激动物的腰背皮肤可引起其后肢发生一系列节奏性搔爬动作，称为搔爬反射。

实验对象

蟾蜍或蛙

药品与器材

0.5%硫酸溶液、蛙类手术器械（1 套）、血管钳（1 把）、支架、肌夹、生物信号采集与处理系统、刺激电极（2 个）、秒表、滤纸。

方法与步骤

制备脊蛙，然后用肌夹夹住脊蛙下颌，将其悬挂在支架上，打开生物信号采集与处理系统。

1. 总和

（1）空间总和。将两个刺激电极分别接触脊蛙同一后肢互相紧靠的两处皮肤，并分别找出接近阈值的阈下单个电刺激强度，当分别进行单个阈下刺激时均不产生反应。然后以同样强度的阈下刺激同时刺激两处的皮肤，观察结果。

（2）时间总和。只用一个电极，用上述强度的阈下刺激重复进行电刺激，观察结果。

2. 后放

用较强的重复电脉冲刺激脊蛙后肢皮肤，以引起脊蛙的反射活动。观察每次刺激停止后，反射活动是否立即停止，并以秒表计自刺激停止起到反射动作结束的持续时间。比较强刺激与弱刺激的结果。

3. 扩散

先以弱电流重复刺激脊蛙的前肢，观察其反应部位如何。然后逐渐加大刺激的强度，观察在强电流刺激下其反应部位有无变化。

4. 抑制

用培养皿盛0.5%硫酸溶液，将脊蛙任一后肢的中趾趾端浸入硫酸溶液，同时用秒表记录从浸入时起至后肢发生屈反射所需的时间。重复3次，求其平均值。然后用血管钳夹住一侧前肢，给一个较强的刺激。待脊蛙安静后，重复测定上述后肢的反射时，观察其有无延长。

5. 搔爬反射

将浸过硫酸的小滤纸片贴在脊蛙腹部下段皮肤上，可见四肢均向此处搔爬，除掉滤纸片后搔爬停止。

6. 破坏脊髓重复实验

破坏脊髓后，重复上述各步骤，观察相应结果能否再次出现。

思考题

（1）举例说明人体哪些现象属于总和、后放、扩散和抑制。

（2）总和、后放、扩散和抑制的神经元之间如何联系？

讨论题

通过实验，总结脊髓活动的基本特征。

实验 9.4 观察损伤小白鼠一侧小脑的效应

Q 你知道吗?

◆ 哺乳动物的小脑可以分为哪几个部分?

◆ 哺乳动物小脑各部分的功能是什么?

实验目的

通过观察损伤一侧小脑动物的运动情况,了解小脑对肌紧张和身体平衡等躯体运动的调节功能。

实验原理

小脑是调节躯体运动的重要中枢,它的主要功能是维持身体平衡、调节肌紧张和协调随意运动。小脑损伤后发生躯体运动障碍,主要表现为身体失衡、肌张力增强或减弱及共济失调。

实验对象

小白鼠

药品与器材

乙醚、哺乳动物手术器械、鼠手术台、9 号注射针头、棉花、200 mL 烧杯。

方法与步骤

1. 麻醉

将小白鼠罩于烧杯内,放入一块浸有乙醚的棉球,将其麻醉,待其呼吸变得深慢且不再有随意活动时取出,用粗线将其以俯卧位固定于鼠手术台上。

2. 手术

剪除小白鼠头顶部的毛,沿正中线切开皮肤直达耳后部。用左手拇指和食指捏住其头部两侧,将头固定,右手用刀背刮剥骨膜和颈肌,分离顶间骨上的肌肉,充

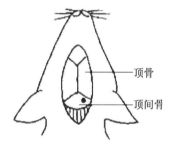

图 9-3 小白鼠的小脑位置

分暴露顶间骨(如图 9-3 所示),透过颅骨可看到下面的小脑。用针头垂直穿透一侧小脑上的顶间骨,进针深度约 3 mm,在一侧小脑范围内前后左右搅动,以破坏该侧小脑。取出针头,用棉球压迫止血。

3. 观察

将小白鼠放在实验桌上,待其清醒后,观察小白鼠的姿势及其肢体肌肉紧张度的变化,以及行走时有无不平衡现象,是否向一侧旋转或翻滚。

⚠ 注意事项

(1) 麻醉时要密切注意小白鼠的呼吸变化,避免麻醉过深致其死亡。手术过程中

如果小白鼠苏醒挣扎，可随时用乙醚棉球追加麻醉。

（2）捣毁一侧小脑时不可刺入过深，以免伤及中脑、延髓或对侧小脑。

（3）为避免损毁小脑过程中出血，可用酒精灯加热探针刺入，使血管等组织焦化。

思考题

（1）根据实验结果说明小脑的生理机能。

（2）小白鼠一侧小脑损伤后为什么会出现运动功能障碍？

（3）用毁损法认识中枢神经系统某一部位的正常生理功能有什么局限性？

讨论题

当小白鼠一侧小脑轻损或重损时，分别会出现什么现象？为什么？

实验 9.5　家鸽去大脑、小脑术后观察

Q 你知道吗？

◆ 大脑和小脑在家鸽的运动功能调节方面有什么不同？

实验目的

（1）学习用切除法研究脑功能。

（2）通过观察去大脑或小脑家鸽的行为和形态的改变，用反证法证明该去除部分脑组织的正常机能。

实验原理

大脑皮层是鸟类形成条件反射不可缺少的部分。切除家鸽的大脑皮层后，其原有的条件反射将不复存在，协调肢体运动的机能也会丧失。切除小脑的家鸽，随被切除脑组织面积的大小不同会有不同的反应。损伤家鸽小脑会影响其平衡功能、协调运动与定向运动功能及肌紧张调节功能等。

实验对象

家鸽（3 只）

药品与器材

75% 酒精棉球、75% 酒精（消毒手术器械）、消毒药膏、碘酒棉球、过饱和三氯化铁棉球、常用手术器械、柳叶刀、小玻璃皿、纱布、器械盘、持针钳、缝针、缝合线、高粱米、长线（拴鸽子用）。

方法与步骤

1. 观察正常鸽子

仔细观察鸽子的正常啄食、饮水、行走等行为，眼睛、羽毛形态，对烧烫（将鸽子放在烧热的石棉网上）和鞭炮惊吓的反应，以及其站立与飞翔的姿势、肌紧张状态、平衡和定向运动的能力，并一一记录下来。

2. 观察切除大脑后的鸽子

（1）手术准备：将所有手术器械浸泡在 75% 酒精中进行消毒。取一只鸽子，用纱布包紧鸽子的翅膀，露出其头部，用剪毛剪剪去其头顶部位的羽毛。先用碘酒棉球消毒露出的头顶部皮肤（自内向外层层扩展消毒面积，切忌反复涂抹），然后用 75% 酒精棉球脱碘，方法相同。

（2）手术方法：用手术刀沿头顶中线切开皮肤，暴露顶骨。用尖头镊子在一侧顶骨上打孔开颅，并暴露该侧大脑半球。用柳叶刀沿水平方向小心切除大脑皮层 2～3 mm，同法切除另一侧大脑皮层（若有出血，则迅速用过饱和三氯化铁棉球止血）。手术后缝合皮肤并进行消毒，在手术部位皮肤上涂抹消毒药膏。

（3）观察实验现象：手术后，观察去大脑鸽子的形态和行为，比较其与正常鸽子的不同之处，仔细记录所观察到的现象。

3. 观察切除小脑后的鸽子

（1）手术准备：同步骤2中切除鸽子大脑的手术准备。

（2）手术方法：用手术刀沿中线自前向后切开头顶稍后的枕部皮肤，暴露顶骨后面的枕骨。在两侧枕骨处开颅（方法同大脑开颅，切忌伤及矢状窦和枕窦），切除小脑。彻底止血后缝合皮肤，方法同步骤2中切除大脑后的缝合方法。

（3）观察实验现象：手术后，观察去小脑鸽子的形态和行为，比较其与正常鸽子的不同之处，仔细记录所观察到的现象。

思考题

根据实验结果，说一说鸽子大脑和小脑的正常运动功能。

讨论题

正常鸽子、去大脑鸽子和去小脑鸽子对鞭炮刺激的反应会有何不同？为什么？

实验 9.6　小白鼠脊髓半横切的术后观察

Q 你知道吗?

◆ 哺乳动物的脊髓在其反射活动中有什么作用?

◆ 哺乳动物的脊髓与大脑皮层的关系是怎样的?

实验目的

（1）学会将哺乳动物的脊髓半横切的手术方法。

（2）观察脊髓半横切后动物对刺激的反应。

实验原理

神经系统基本的活动形式是反射。简单的反射（如膝反射）由脊髓完成，而复杂的反射则涉及大脑皮层。脊髓把感受器接收到的信息传到大脑，大脑发出的信息又通过脊髓传到相应的效应器。这种传导机能主要由脊髓的白质来完成，白质是由神经元发出的长突起神经纤维组成的。脊髓中的神经纤维按不同的机能顺序排列，脊髓一旦被切断，就会导致切口以下相应部位的感觉或运动功能丧失。

实验对象

小白鼠

药品与器材

乙醚、常规小动物手术器械、大头针、小镊子、干棉球。

方法与步骤

1. 术前准备

将小白鼠放于实验桌上，先观察其正常活动时四肢的动作。再用针刺其后肢脚趾，观察其有何反应。然后用烧热的玻璃针烫其足部，观察小白鼠是否转头发出声音。

2. 手术

将小白鼠麻醉后用镊子固定其四肢，用拇指和食指摸清小白鼠浮肋并以此为标志，剪去其背部的毛，沿背中线剪开皮肤约 2 cm，暴露第 1~3 腰椎棘突，用手术刀切开棘突两侧及椎骨间的肌腱，用镊子和棉球分离肌肉，暴露椎骨。轻夹住其中一节腰椎，用小镊子夹去或用扁头小骨剪剪去其棘突和全侧椎弓，暴露白色的脊髓约 2 mm。以脊髓后静脉为标志，用大头针将一侧脊髓横切断，用生理盐水棉球覆盖伤口。

3. 观察实验

将小白鼠松开后放于实验桌上，观察以下项目。

（1）缩腿反射：用针刺小白鼠伤侧后肢脚趾，观察是否出现缩腿反射。再刺其健侧后肢脚趾，比较两次操作小白鼠的反应有何不同。

（2）随意运动：让小白鼠在桌上爬行，观察其后肢有无瘫痪现象，如果有，是哪一侧瘫痪。

（3）痛觉：将玻璃针烧热，烫小白鼠伤侧足部，观察其反应。再烫其健侧足部，观察其有什么不同反应，注意其是否回头发出声音。

（4）将小白鼠另一侧脊髓横切断，观察小白鼠双下肢运动和感觉的变化。

⚠️ **注意事项**

（1）首先，麻醉要适度，麻醉过深则小白鼠易死亡，过浅则小白鼠易苏醒，会给手术带来不便。其次，用柳叶刀横切一侧脊髓时要防止损坏对侧脊髓。

（2）横切脊髓位置不宜过高或过低，以第1~3腰椎脊髓为宜。

（3）手术中要防止出血过多，术后应用丝线缝合伤口，饲养几天后再进行观察，效果会更好。

思考题

脊髓半横切后，小白鼠为什么会瘫痪？为什么随意运动会消失？为什么对侧痛觉会消失？试以运动传导通路和感觉传导通路进行解释。

讨论题

小白鼠一侧脊髓损伤将影响哪一侧躯体的运动和感觉？为什么？

实验 9.7 观察去大脑僵直

Q 你知道吗?

◆ 脑干在调节骨骼肌运动方面有什么作用?
◆ 脑干的网状结构与大脑皮层是怎样的关系?

实验目的

(1)学习动物去大脑的方法。
(2)观察去大脑的僵直现象。

实验原理

中枢神经系统对伸肌的紧张有易化和抑制作用。正常情况下,这两种作用可使骨骼肌保持适当的紧张度,以维持身体姿势。如果在动物的上、下丘之间横切脑干,屈肌的肌紧张作用就会减弱,而伸肌的肌紧张相对增强,动物表现出四肢僵直、头尾角弓反张。

实验对象

家兔

药品与器材

20%氨基甲酸乙酯溶液、骨蜡、哺乳动物手术器械、骨钻、咬骨钳。

方法与步骤

1. 麻醉

从兔耳缘静脉缓慢注入 20%氨基甲酸乙酯溶液,剂量为 5 mL/kg 体重(注意麻醉程度不宜过深)。待其麻醉后,将其背位固定于兔手术台上。

2. 插管

剪去家兔颈部的毛,自颈正中线切开皮肤,暴露气管,插入气管插管。

3. 横切脑干(图 9-4)

(1)方法一:将家兔改为俯位固定,剪去头部的毛,从两眉间至枕部将头皮纵行切开,再自中线切开骨膜,以刀柄剥离肌肉,推开骨膜。仔细辨认冠状缝、矢状缝和人字缝,找到前囟和后囟。用钢尺测量前囟和后囟之间的距离。将前囟和后囟之间的距离分成三等份,在后 1/3 的交点处旁开 5 mm 做一记号,该点即为横切脑干的进针部位。用探针在此处将颅骨钻透,左手托起家兔的头,右手将探针垂直插向其颅底,同时向两边拨动,将脑干完全切断。

(2)方法二:将家兔以俯位固定后,切开其头皮,刮去骨膜。用颅骨钻在顶骨两侧各钻一孔,用咬骨钳沿孔咬去骨块,扩大创口至两侧大脑半球表面基本暴露时,用薄而钝的刀柄伸入矢状窦与头骨内壁之间,小心分离矢状窦,然后钳去保留的颅骨,在矢状缝的前后两端各穿一线并结扎。用小镊子夹起脑膜，仔细剪开并去除硬脑膜，暴露大脑皮层。左手将家兔的头托起，右手用手术刀柄从其大脑半球后轻轻翻开半球，露出四叠体（上丘较粗大，下丘较小）。用手术刀刀背在上下丘之间略向前倾斜切向颅底，同时向两边拨动、推压，将脑干完全切断。

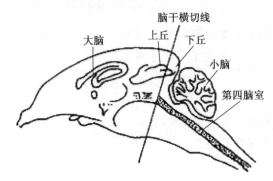

图 9-4　兔脑干横切部位示意图

4. 观察去大脑僵直

松开家兔四肢，用双手分别提起其背部和臀部皮肤，然后使其侧卧，可见家兔的躯体和四肢慢慢变硬伸直，头后仰，尾上翘，呈角弓反张状态，即出现去大脑僵直现象，如图9-5所示。

图 9-5　兔的去大脑僵直现象

⚠ 注意事项

（1）动物麻醉宜浅，麻醉过深不易出现去大脑僵直现象。

（2）切断脑干的部位要准确无误，位置过低会伤及延髓，导致动物呼吸停止；位置过高则不出现去大脑僵直现象。

📑 思考题

（1）说明去大脑僵直的发生机理。

（2）神经系统和脑干网状结构如何调节肌紧张？

📑 讨论题

（1）肌紧张在人的日常生活中起什么作用？

（2）如果切断兔子脑干后其僵直现象不明显，可能是哪些原因导致的？

实验 9.8　Morris 水迷宫实验

Q 你知道吗？

◆ 动物的学习和记忆能力能否定量测定？

◆ 如果可以测定，该如何进行？

实验目的

（1）学习用 Morris 水迷宫测定动物学习、记忆能力的方法。

（2）了解影响动物学习、记忆能力的理化因素。

实验原理

Morris 水迷宫实验是指让小鼠或大鼠在水池内游泳，寻找隐藏在水中的安全台，该实验用于检测动物的学习能力和记忆能力。由于没有任何可接近的线索以标志平台的位置，因此动物需以水池外的结构为线索进行有效定位。迷宫由圆形水池、图像自动采集和处理系统组成，图像自动采集和处理系统主要由摄像机、计算机、图像监视器组成，动物入水后启动监测装置，记录动物的运动轨迹，实验完毕自动分析并报告相关参数值。

实验程序及检测指标：① 定位航行实验，用于检测小鼠（或大鼠）对水迷宫学习和记忆的能力。实验历时 4 天，每天上午、下午各训练 1 次，共计 8 次。该实验主要观察和记录小鼠（或大鼠）寻找并爬上平台的路线图及所需时间，即记录其潜伏期和游泳速度。② 空间搜索实验，用于检测小鼠（或大鼠）学会寻找平台后，对平台空间位置记忆的保持能力。定位航行实验结束后，撤去平台，再从同一入水点放入水中，测其第一次到达原平台位置的时间与穿越原平台的次数。

实验对象

大鼠或小鼠

实验器材

一个灰色或黑色的圆形水池（直径 150 cm，高 60 cm）、一台跟踪摄像机、一台与摄像机相连的计算机（图 9-6）。

池内盛水，深 50 cm，水温 22~24 ℃。将平台置于水面下 2 cm（小鼠则为 1 cm）。在水中加入奶粉或牛奶并将水搅浑，不让动物（大鼠或小鼠）看清水下平台。摄像机位于水池中央上方 200 cm，可记录动物的位置、游行距离和时间（据此计算游泳速度）及游行路径等。房间周围墙壁上贴上色彩鲜明、形状不同的图画作为迷宫外暗示。

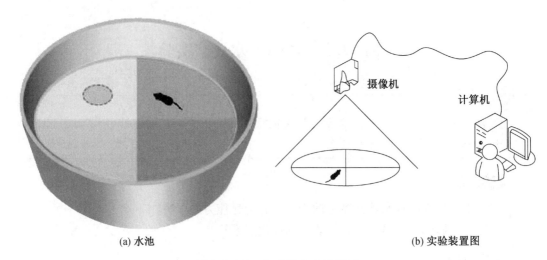

(a) 水池　　　　　　　　　　　　　(b) 实验装置图

图 9-6　Morris 水迷宫实验器材

方法与步骤

本实验分获得性训练、探查训练和对位训练 3 个过程。

1. 获得性训练

理论上将水池分为 4 个象限，将平台置于其中一个象限的中央。

（1）将动物头朝池壁放入水中，放入位置随机取东、西、南、北 4 个起始位置之一，记录动物找到水下平台的时间。在前几次训练中，如果这一时间超过 60 s，可引导动物到平台，让动物在平台上停留 10 s。

（2）实验结束后将动物移开、擦干，必要时（尤其是大鼠）可放在 150 W 的白炽灯下烤 5 min，放回笼内。每只动物每天训练 4 次，两次训练之间间隔 15~20 min，连续训练 4 天。

2. 探查训练

最后一次获得性训练结束后的第二天，将平台撤除，开始 60 s 的探查训练。将动物由原先平台所处象限的对侧放入水中。记录动物到达目标象限（原先放置平台的象限）所花的时间和进入该象限的次数，以此作为空间记忆的检测指标。

3. 对位训练

探查训练结束后的第二天，开始维持 4 天的对位训练。将平台放在原先平台所在象限的对侧象限，方法与获得性训练相同。每天训练 4 次，记录动物每次找到平台的时间、游行距离及游行速度。

4. 第二次探查训练

第二次探查训练在最后一次对位训练的第二天进行，方法与探查训练类似，记录 60 s 内动物在目标象限（平台第二次所在区）所花的时间和进入该象限的次数。

⚠ 注意事项

（1）对比食物驱动的模型（如放射臂迷宫），水迷宫实验最大的优点在于动物具有更大的逃离水环境的动机，而且实验过程中不必禁食，特别适合对老年动物进行测试。加上它对衰老引起的记忆减弱尤其敏感，因此，水迷宫最常用于对老年动物记忆能力的研究。

（2）如果用小鼠，除水池尺寸约为大鼠的50%以外，平台直径也较小（约7.5 cm）。实验方法与大鼠类似，但训练周期较短。一般获得性训练进行3天，共训16次（第一天4次，后两天每天6次，两次训练之间间隔5~10 min）；第四天为探查训练；第五、六天为对位训练，每天训练6次；第七天为第二次探查训练。

（3）如果用肉眼观察，在所有实验过程中实验者应始终坐在同一位置，距离水池最近的边缘约60 cm。

（4）每天在固定时间测试，操作轻柔，避免不必要的应激刺激。

（5）当与其他同类实验相比较时，要注意动物的性别、品系、水池的尺寸和水温等多种因素对实验结果的影响。此外，当以游行速度为观察指标时，要考虑动物的体重、年龄及骨骼肌发育状况等对游行速度造成的影响。

（6）用老年动物进行实验时，应确认动物的游行能力和视力。方法如下：将平台露出水面，使动物能够看见平台，将动物放入泳池后，如果其能毫无困难地直接游向平台，说明动物的游行能力和视力均正常，可以开始实验。

（7）游行对动物是一个较大的应激刺激，可引起神经内分泌的变化。这些变化可能对实验结果造成干扰。对于老年动物，干扰严重时可能诱发动物心血管疾病而导致卒中甚至死亡。因此，必要时可将动物多次放入泳池或适当延长其游行时间以增强动物对游行的适应能力。

（8）当用牛奶或奶粉搅浑泳池中的水后，要定期换水以免水中物质腐败变质。

（9）实验过程中应保持环境安静。

（10）用电时注意安全操作，捉拿动物时应关闭电源。

思考题

检测记忆的原理是什么？

讨论题

强化学习和记忆的途径有哪些？

第 10 章　感觉生理

实验 10.1　观察动物一侧迷路破坏的效应

> **Q 你知道吗?**
> ◆ 前庭器官包括哪些结构?
> ◆ 前庭器官各部分的作用原理是什么?

实验目的
（1）学习毁坏动物迷路的方法。
（2）观察并判断迷路与姿势的关系。

实验原理
动物的内耳迷路是姿势反射的感受器之一，当其一侧迷路被破坏后可见肌紧张及姿势异常，据此可了解迷路在维持姿势平衡和正常运动中的作用。

实验对象
豚鼠、蟾蜍或蛙

药品与器材
氯仿、常用手术器械、纱布、棉球。

方法与步骤

1. 豚鼠一侧迷路的破坏

豚鼠一侧迷路功能的消除：使豚鼠侧卧，拽住其上侧耳廓，用滴管向外耳道深处滴入 $2\sim3$ 滴氯仿，握住豚鼠片刻，令其不动。$5\sim7$ min 后，观察豚鼠头部、颈部、躯干两侧及四肢肌肉的紧张度。可见豚鼠头部偏向被消除迷路功能的那一侧，同时出现眼球震颤。如果握住豚鼠后肢将其举起，可见其头和躯干皆偏向被消除迷路功能的那一侧，放开后豚鼠往往沿躯干做轴滚动。

2. 蟾蜍一侧迷路的破坏

（1）将蟾蜍放在桌上，观察其正常姿势和运动。
（2）用纱布包住蟾蜍的躯干部分，将其腹面向上握于左手，翻开其下颌并用左手拇指压住。用手术剪沿颅底中线剪开口腔黏膜（勿损伤中线两侧的血管）并向两侧分离，可看到"十"字形的副蝶骨。迷路位于副蝶骨横突的左右两旁，如图 10-1 所示。用手术刀削去薄薄一层骨质，可看到小米粒大的白点，此处即为内耳囊。将毁髓针刺入内耳囊 2~3 mm，转动针尖，搅毁其中的迷路。

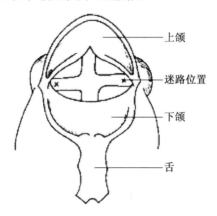

图 10-1　蟾蜍迷路的位置

搅毁迷路几分钟后，如果将蟾蜍放入水盆中，它会向半规管已被破坏的一侧游泳。

⚠ 注意事项

氯仿是一种高脂溶性全身麻醉剂，滴入豚鼠外耳道可使其一侧前庭器官功能消失。如果滴入过多，其会死亡。

📑 思考题

（1）前庭器官在维持身体姿势中的作用是什么？

（2）破坏动物的一侧迷路功能，其行为会出现哪些变化？如何解释这些变化？

📑 讨论题

（1）如果动物的两侧迷路均被损毁，会出现什么现象？

（2）一侧迷路破坏实验效果不明显的原因是什么？如果遇到这种情况，应该怎么办？

实验 10.2　声音的传导途径研究

实验目的

掌握声音的空气传导和骨传导的检测方法，并比较两种传导途径的特征。

实验原理

空气传导（简称气导）是正常人耳接收声波的主要途径，由此途径传导的声波刺激经外耳、鼓膜和听小骨传入内耳。骨传导（简称骨导）的效果远低于气导，由此途径传导的声波刺激经颅骨、耳蜗骨壁传入内耳。本实验通过敲响音叉、先后将音叉置于颅骨和外耳道口处，证明上述两种传播途径的存在并比较传播效果，初步演示最常用的鉴别传导性耳聋和神经性耳聋的实验方法并分析其原理。

实验对象

人

实验器材

音叉（C1256 或 C2512）、棉花、胶。

方法与步骤

1. 比较同侧耳的空气传导和骨传导（任内氏试验）

（1）室内保持安静，检查者敲响音叉后，立即将音叉柄置于受试者一侧颞骨乳突部，此时受试者可以听到音叉震动的嗡嗡声，且声音响度随着时间的延长逐渐减弱，直到听不到。一旦听不到声音，检查者立即将音叉移至受试者外耳道口处，此时受试者可重新听到声音。相反地，如果将震动的音叉先置于受试者外耳道口处，待其听不到声音后，再将音叉柄置于其颞骨乳突部，那么受试者不再重新听到声音。这说明正常情况下，空气传导的时间比骨传导的时间长，临床上称为任内氏试验阳性。

（2）用棉球塞住同侧外耳道（相当于空气传导途径障碍），重复上述试验，会出现空气传导时间等于或小于骨传导时间的现象，称为任内氏试验阴性。

2. 比较两耳的骨传导（韦伯试验）

（1）将敲响的音叉柄置于受试者前额正中发际处，比较两耳感受到的声音响度。正常人两耳感受到的声音响度应是相等的。

（2）用棉球塞住一侧外耳道，重复上述试验，两耳感受到的声音响度有何变化？

注意事项

（1）敲响音叉时，不要用力过猛，可在手掌或大腿上敲击，切忌在坚硬物体上敲击。

（2）在操作过程中，只能用手指持音叉柄，避免音叉叉支与皮肤、毛发或其他任何物体接触。

（3）音叉位于外耳道口时，二者相距 1~2 cm，并且音叉叉支的震动方向应对准外耳道。

思考题

（1）如何通过任内氏试验和韦伯试验鉴别传导性耳聋和神经性耳聋？

（2）为何空气传导的效果比骨传导的好？

讨论题

（1）什么是空气传导和骨传导？二者有什么差异？

（2）何为传导性耳聋？其病因及预防措施有哪些？

实验 10.3　观察视觉调节反射与瞳孔对光反射

　你知道吗？

　◆ 眼的折光系统有哪些可调节结构？

实验目的

（1）观察视觉调节反射与瞳孔对光反射。

（2）应用球面镜成像规律，证明在视近物时眼折光系统的调节主要是使晶状体凸度增加，并观察视近物时和光刺激时瞳孔缩小的现象。

实验原理

　　人眼由远视近或由近视远时会发生调节反射。当由远视近时，晶状体凸度增加，同时发生缩瞳和两眼辐辏现象；由近视远时则会发生相反的变化。人眼在感受光刺激时，瞳孔缩小，此为瞳孔对光反射。

实验对象

　　人

实验器材

　　蜡烛、火柴、手电筒。

方法与步骤

　　（1）在暗室内点燃蜡烛，置于受试者眼的左前方。令受试者注视远处的某一目标。实验者站在受试者的右前方，适当移动蜡烛与受试者的相对位置，注意观察蜡烛在受试者眼角膜范围内的成像情况。在受试者近角膜缘有一个最亮的、正立的像，它是由角膜前面（凸面向前）的反射作用形成的，中间一个暗而大的正立像是由晶状体前面（凸面向前）的反射作用形成的，一个较亮但最小的倒立像是由晶状体后面（凹面向前）的反射作用形成的，如图 10-2a 所示。后两个像均需通过瞳孔才能观察到。记录各像的位置和大小。

　　（2）令受试者转而注视眼前近处（15 cm 左右）的某一目标，此时可以看到中间的正立像向边缘的正立像靠近，并且逐渐变小。边缘的正立像无变化，倒立像的变化不明显，如图 10-2b 所示。

　　（3）受试者看近物时，观察其瞳孔是否缩小，双眼是否发生辐辏现象。

　　（4）令受试者注视远方，观察其瞳孔的大小。然后用手电筒照射受试者的一只眼，观察这只眼的瞳孔是否缩小。

　　（5）用手电筒照射受试者的一只眼，观察其另一只眼的瞳孔是否也缩小。

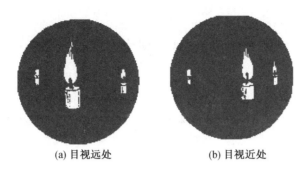

(a) 目视远处　　　　　　　　　(b) 目视近处

图 10-2　发生视觉调节反射时，眼球各反光面映像的变化

⚠ 注意事项

（1）烛光在受试者前方 45°，逐渐向受试者移近。

（2）瞳孔对光反射光源应从眼侧面移至近瞳孔处。

📋 思考题

（1）由光亮处进入暗环境时瞳孔有何变化？反射途径如何？

（2）用手电筒照射受试者的一只眼，观察到另一只眼存在互感性对光反射，而被光照射的眼则无瞳孔对光反射。试分析病变存在部位。

📋 讨论题

（1）猫眼瞳孔在正午阳光充足时与傍晚时有什么不同？为什么？

（2）检查瞳孔对光反射时，光线应从眼的颞侧还是鼻侧射入？为什么？

实验 10.4　视力的测定

Q 你知道吗?

◆ 引起青少年假性近视的原因有哪些? 由此引起的眼球生理性变化是怎样的?

实验目的

（1）学习测定视力的原理和方法。

（2）掌握视力（视敏度）的概念。

实验原理

能看清楚文字或图形所需要的最小视角是确定人的视力的依据，临床上常用国际标准视力表来检查视力。视力表由 12 行从大到小的图形构成。当受试者站在 5 m 远的距离注视第十行图形时，图形缺口两缘在眼前所成视角为 1′，如图 10-3 所示。

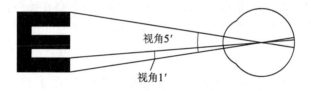

图 10-3　视力表原理

视力表规定能看清第十行图形的视力为 1.0，并以此作为正常视力的标准。视力根据下述关系来确定：

$$受试者视力 = \frac{受视者辨认某字的最远距离}{正常视力者辨认该字的最远距离}$$

例如，一位视力为 1.0 的人可于 5 m 处看清第十行图形，可是某个受试者需在 2.5 m 处方能看清，则其视力为 2.5/5（即 0.5）。同样一位视力为 1.0 的人可于 10 m 处看清第五行图形，可是某个受试者需在 5 m 处方能看清，则其视力为 5/10（即 0.5）。本实验的目的是学习视力的测定方法并了解测定原理。

实验对象

人

实验器材

视力表（5 m 远可用）、指示棍、遮眼板、米尺。

方法与步骤

（1）将视力表挂在光线充足且均匀的地方，让受试者站在距离视力表 5 m 处测视力。视力表应与受试者的眼同高。

（2）受试者用遮眼板遮住一只眼，另一只眼看视力表，按实验者的指示从上而下进行识别，直到能辨认最小的一行字为止，以确定该眼的视力。同法确定另一只眼的视力。

（3）若受试者连第一行字都无法辨认，则须向前移动视力表，并按上述公式推算视力。

⚠ 注意事项

（1）测定视力时应注意环境光线的强弱。

（2）受试者与视力表之间的距离应准确。

📑 思考题

（1）分辨物体的精细结构时，为什么眼睛必须注视正前方某点而不能斜视？请根据视网膜的组织结构特点加以说明。

（2）请分析视力、视角、视标大小和受试者与视标间距是什么关系。

（3）若受试者在 1.5 m 处的地方能看清视力表的第一行（从上向下数），则他的视力是多少？

📑 讨论题

（1）用一张只剩下标定视力为 0.1 的图形能否进行视力检查？

（2）影响视力的因素有哪些？

实验 10.5　视野的测定

你知道吗?

◆ 人的两眼的视野大小是否相同?

◆ 视野大小受哪些因素影响?

实验目的

(1) 学习视野计的使用方法。

(2) 测定正常人的白、红、黄、蓝、绿各色光的视野。

实验原理

视野是单眼固定注视正前方时所能看到的空间范围, 此范围又称为周边视力, 也就是黄斑中央凹以外的视力。借助此种视力检查可以了解整个视网膜的感光功能, 还可以判断视力传导通路及视觉中枢的机能。正常人的视力范围在鼻侧和额侧的较窄, 在颞侧和下侧的较宽。在相同的亮度下, 白光的视野最大, 红光次之, 绿光最小。不同颜色光的视野的大小不仅仅与面部结构有关, 更取决于不同感光细胞在视网膜上的分布情况。

实验对象

人

实验器材

视野计、视标(白色、红色和绿色)、视野图纸、铅笔。

方法与步骤

(1) 观察视野计的结构 (图 10-4), 熟悉其使用方法。

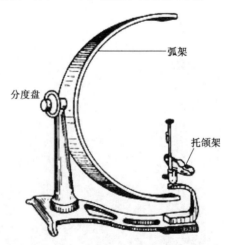

弧架

分度盘

托颌架

图 10-4　视野计

（2）将视野计在光线充足的地方放好。令受试者把下颌放在托颌架上，使其受试眼眼眶下缘靠在眼眶托上。调整托颌架的高度，使受试眼恰与弧架的中心点位于同一水平面上。先将弧架摆在水平位置，遮住受试者另一眼，令受试眼注视弧架的中心点。实验者从周边向中央慢慢移动弧架上插有白色纸片的视标架，随时询问受试者是否看到视标，当受试者回答"看到"时，将视标移回一些，然后再向前移，重复一次。待得出一致结果后，将受试者刚能看到视标时视标所在的点画在视野图纸的相应经纬度上。用同样的方法测出弧架对侧刚能看见视标所在的点，画在视野图纸的相应经纬度上。

如果视野计的后方附有随着视标移动的针尖，针尖能准确地指着安放在它对面的视野图纸的相应经纬度，那么在每找到一个刚能看见视标所在的点时，只要将放视野图纸的盘向前一推，就能在视野图纸的相应经纬度上扎出一个记号。

（3）将弧架转动 45°，重复上述操作步骤。如此完成八个方向的操作，在视野图纸上得出 8 个点。将此 8 个点依次连接起来，就得到白色视野的范围，如图 10-5 所示。

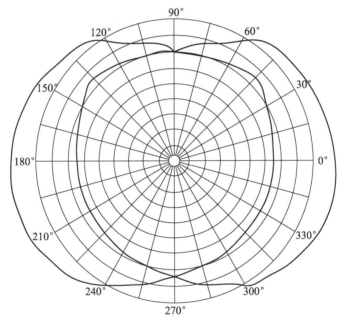

图 10-5　视野图

（4）按照相同的操作方法，测定红、黄、蓝、绿各色光的视野。对于用具有光源的视标在暗室测视野者，当用有色光标时，需注意亮光视野（此时尚不能认清颜色）和色觉视野是否一致。

（5）用同样的方法测定另一只眼的视野。

⚠ 注意事项

（1）在测试中，要求受试眼一直注视圆弧形金属架中心固定的小圆镜。

（2）测试视野时，以受试者确实看到视标为准，色标的颜色应标准、纯正。

思考题

（1）一患者左眼颞侧视野、右眼鼻侧视野缺损，请判断其病变的可能部位。

（2）夜盲症患者的视野会有什么变化？为什么？

（3）视交叉病变时，患者视野将出现何种改变？为什么？

（4）如何解释各色光视野和亮光视野的不同？

讨论题

分析视网膜、视觉传导通路和视觉发生障碍时对视野的影响。

实验 10.6　盲点的测定

Q 你知道吗?

◆ 人眼的视网膜对视野中外界物体的感知并不是完整无缺的，为什么?

实验目的

证明盲点的存在，并计算盲点所在的位置和范围。

实验原理

视网膜在视神经离开视网膜的部位（即视神经乳头所在的部位）没有视觉感受细胞，外来光线成像于此不能引起视觉，故称该部位为生理性盲点。由于生理性盲点的存在，视野中也存在生理性盲点的投射区，此区为虚性绝对性暗点，在客观检查时在此区完全看不到视标。通过测定生理性盲点投射区域的位置和范围，可以依据物体成像规律及相似三角形各对应边成比例的定理，计算出生理盲点所在的位置和范围。

实验对象

人

实验器材

白纸、铅笔、黑色和白色视标、尺子、遮眼板。

方法与步骤

（1）将白纸贴在墙上，受试者立于纸前 50 cm 处，用遮眼板遮住一眼，在白纸上与另一眼相平的地方用铅笔画一"+"号。令受试者注视"+"号，实验者将视标由"+"号中心向被测眼颞侧缓缓移动。此时，受试者被测眼直视前方，不能随视标的移动而移动。当受试者恰好看不见视标时，在白纸上标记视标位置。然后将视标继续向颞侧缓缓移动，直至受试者看见视标时记下视标所在位置。由所记两点连线的中心点起，沿着各个方向向外移动视标，找出并记录各方向视标刚能被看见的各点并依次连接，即得一个椭圆形的盲点投射区。

（2）根据相似三角形各对应边成比例的定理，可计算出盲点与中央凹的距离及盲点直径，如图 10-6 所示。

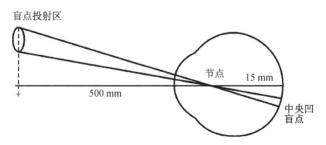

图 10-6　计算盲点与中央凹的距离和盲点直径的示意图

① 因为 $\dfrac{\text{盲点与中央凹的距离}}{\text{盲点投射区到"+"号的距离}} = \dfrac{\text{节点与视网膜的距离（以 15 mm 计）}}{\text{节点到白纸的距离（以 500 mm 计）}}$，所以盲点与中央凹的距离（mm）= 盲点投射区域与"+"号的距离 × (15÷500)。

② 因为 $\dfrac{\text{盲点的直径}}{\text{盲点投射区域的直径}} = \dfrac{\text{节点与视网膜的距离（以 15 mm 计）}}{\text{节点到白纸的距离（以 500 mm 计）}}$，所以盲点的直径（mm）= 盲点投射区域的直径 × (15÷500)。

⚠ 注意事项

（1）受试者眼睛与白纸上"+"号的直线距离必须为 50 cm。

（2）受试者应单眼注视"+"号不动。

参考值

（1）生理性盲点呈椭圆形，垂直径为（7.5±2）cm，横直径为（5.5±2）cm。

（2）生理性盲点在注视中心外侧 15.5 cm，在水平线下 1.5 cm。

思考题

（1）试述测定盲点与中央凹的距离和盲点直径的原理。

（2）当盲点范围发生变化时，应注意什么问题？

讨论题

人们在日常生活中注视物体时，为什么没有感到生理性盲点的存在？

实验 10.7　人体反应时的测定

Q　你知道吗？

◆ 不同个体对相同刺激的反应时一样吗？

◆ 为什么运动员对同一反应动作要反复训练？

实验目的

（1）学习视觉与听觉简单反应时的测定方法。

（2）比较两种简单反应时。

（3）学习测定视觉选择反应时的方法。

（4）了解选择反应时不同于简单反应时的特点。

实验原理

人体反应时的测定是通过对反应时间的测量来推测不能直接观察的心理、生理活动的组织结构与神经机能状态，它以反应时间为反应变量，经常应用于心理学、生理学、医学及其相关学科。

荷兰生理学家唐德斯（Donders）将反应时分为三种，一般称为 Donders A、B 和 C 反应时。A 反应时又称简单反应时；B 反应时又称选择反应时；C 反应时又称辨别反应时。本实验主要学习测量简单反应时和选择反应时。

简单反应时是一个单一简单刺激（如光、声音）出现与受试者做出单一简单反应（按下电键或放开电键）之间的最小的延迟时间。

不同感官的反应时不同，说明反应时间与所刺激的感觉通道有关系。视觉通道对光线的反应时间长，是由于光线虽然可以直接射到视网膜上，但是视网膜上的感光细胞不能由光刺激直接引起兴奋，而是要经过光化学中介过程，这个过程需较长时间，因而视觉对光的反应时间长于听觉对声音的反应时间。电生理学实验也支持这一结论。

选择反应时有两个（或多于两个）刺激和两个（或多于两个）反应。每个刺激都有其独特的反应。在多个可能出现的刺激中，从某一刺激出现到受试者做出正确反应的时间就是选择反应时。

测量时，一般应重复测量多次求均值，该均值即为反应时的测定结果。简单反应时是较复杂反应时的基础，同时也是其组成成分。

实验对象

人

实验器材

EP202 简单反应时测定装置、EP203 选择反应时测定装置。

≡ 方法与步骤

1. 测定简单反应时

（1）接通仪器电源，实验者拨动信号发生开关，在光和声刺激出现的同时，立即用计时器开始计时。

（2）练习操作：将刺激呈现器放在距受试者 1 m 处，受试者用右手食指轻触计时器电键。在实验者发出"预备"口令后约 2 s 呈现刺激。当受试者感觉到刺激出现时，立即按压计时器电键停止计时，实验者记下结果。练习实验可做 2~3 次。

为防止无关刺激的干扰，实验者与受试者可分别在两个操作室中进行实验。

（3）观察实验。

① 刺激呈现以"视—听—听—视"方式安排，每单元各做 20 次，共 80 次。

② 为了检查受试者有无超前反应，在每单元的 20 次实验中插入 1 次检查实验。

如果出现受试者对"空白刺激"做出反应的情况，实验者就要根据反馈信号灯提供的信息宣布该单元实验结果无效，重做 20 次。

③ 每做完 20 次休息 1 min，一位受试者测完 80 次后，换另一位受试者进行实验。

2. 测定选择反应时

（1）接通仪器：实验者按预先列出的程序操作信号呈现，开关发出"红""黄""绿""白"4 种不同光刺激。

（2）受试者的右手食指做按键状，当感觉到某种色光时，立即用右手食指按压相应的反应键（即受试者对 4 种不同的刺激相应地做出 4 种不同的反应）。计时器记下时间，重复实验 4~5 次。

（3）观察实验。

① 4 种色光刺激各呈现 20 次，随机排列。

② 实验者呈现刺激与受试者反应方式同预备实验。如果反应错了，计时器不计时间，实验者根据反馈信号灯提供的信息安排受试者重做一次实验。

每做完 20 次休息 1 min，一位受试者测完 80 次后，换另一位受试者进行实验。

3. 结果处理

（1）计算个人对不同色光的选择反应时的平均值和标准差。

（2）比较全体受试者对白光的简单反应时与选择反应时的平均值差异。

（3）根据计算器记录的时间计算个人视觉反应时与听觉反应时的平均值和标准差。

≣ 思考题

（1）根据实验结果说一说视觉简单反应时与听觉简单反应时的差别及产生差别的原因。

（2）根据实验结果说一说简单反应时是否受练习的影响。

≣ 讨论题

举例说明反应时的实际应用价值。

第 11 章　内分泌生理

实验 11.1　观察胰岛素致低血糖效应

Q 你知道吗?

◆ 胰岛素在体内通过哪几条信号途径发挥作用?

◆ 胰岛素为什么能降低血糖浓度?

实验目的

了解胰岛素调节血糖水平的机能。

实验原理

胰岛素是调节机体血糖代谢的激素之一,当动物体内胰岛素含量升高时,血糖下降,出现惊厥现象。

方法一

实验对象

小白鼠

药品与器材

2 U/mL 胰岛素溶液、50%葡萄糖溶液、酸性生理盐水、1 mL 注射器、鼠笼。

方法与步骤

(1) 取 6 只小白鼠称重后,分成实验组 4 只和对照组 2 只。

(2) 给实验组小白鼠腹腔注射胰岛素溶液 (0.1 mL/10 g 体重)。

(3) 给对照组小白鼠腹腔注射等量的酸性生理盐水。

(4) 将两组小白鼠都放在 30~37 ℃的环境中,并记下出现反应的时间,注意观察并比较两组小白鼠的神态、姿势及活动情况。

(5) 当实验组小白鼠出现角弓反张、乱滚等惊厥反应时,记下时间,并立即给其中 2 只皮下注射葡萄糖溶液 (0.1 mL/10 g 体重),另 2 只不予处理。

(6) 比较对照组小白鼠、注射葡萄糖的小白鼠及出现惊厥而未经抢救的小白鼠的活动情况，分析观察到的现象。

⚠ 注意事项

（1）动物在实验前必须饥饿处理 18~24 h。

（2）一定要用 pH 为 2.5~3.5 的酸性生理盐水配制胰岛素溶液，因为胰岛素只有在酸性环境中才有活性。

（3）酸性生理盐水的配制：将 10 mL 0.1 mol/L 盐酸加入 300 mL 生理盐水中，调节其 pH 值在 2.5~3.5，如果偏碱性，可加入同样浓度的盐酸调节。

（4）注射胰岛素的动物最好放在 30~37 ℃ 环境中保温，夏天可为室温，冬天温度应高一些，可到 36~37 ℃。如果温度过低，对胰岛素的反应就会比较慢。

方法二

⌛ 实验对象

金鱼或体长 4~8 cm 的鲫鱼

药品与器材

2~4 U/mL 胰岛素溶液、10%葡萄糖溶液、1 mL 注射器、500 mL 烧杯（2 个）、500 mL 量筒。

方法与步骤

（1）准备两只烧杯分别标记为 A、B，A 烧杯中加入 300 mL 水及 0.75 mL 胰岛素溶液，B 烧杯中加入 300 mL 10%葡萄糖溶液。

（2）把一金鱼（或鲫鱼）放入 A 烧杯中，胰岛素通过鱼鳃的毛细血管循环扩散入血液，仔细观察金鱼的行为，记录金鱼出现昏迷所需的时间，并观察金鱼出现昏迷时的活动。

（3）金鱼昏迷后，小心地将其转移到 B 烧杯中。观察金鱼发生的变化，并记录金鱼恢复活动所需的时间。

思考题

（1）正常机体内，胰岛素如何调节血糖水平？

（2）试分析糖尿病产生的原因及治疗方法。

讨论题

（1）胰岛素除了参与血糖调节外，还参与体内哪些代谢活动？

（2）机体的血糖恒定受哪些因素影响？

实验 11.2　研究甲状腺激素对代谢的影响

Q 你知道吗?

◆ 甲状腺激素在体内有哪几种存在形式?
◆ 甲状腺激素参与机体哪些方面的生理过程?

实验目的

观察甲状腺激素对机体的作用。

实验原理

甲状腺激素能使动物的基础代谢率提高，使需氧量增多。将给予甲状腺激素制剂灌胃的动物放入密闭容器时，其对缺氧的敏感性提高，与对照组动物比较，更容易因缺氧窒息而死亡。

实验对象

小白鼠（20 只）

药品与器材

甲状腺激素制剂、生理盐水、鼠笼、鼠饮水器、注射器或灌胃管、1 000 mL 广口瓶、测定耗氧量装置。

方法与步骤

（1）将健康小白鼠按性别、体重（18~22 g）随机分为对照组与给药组，每组 10 只。

（2）给药组小白鼠灌胃给甲状腺激素制剂，每天 5 mg，连续给药 2 周。对照组小白鼠灌胃给等量生理盐水。

（3）实验方法有两种，可选择进行。

① 将给药组的小白鼠分别放入容积为 1 000 mL 的广口瓶中，把瓶口密封后，立即观察动物的活动，并用计时器记录存活时间。最后汇总全组动物实验结果，计算平均存活时间，并与对照组进行比较。

② 实验组与对照组小白鼠分别放入测量耗氧量装置的广口瓶中，测定它们的耗氧量，最后分别汇总两组的实验结果，计算多组的平均耗氧量，给药组与对照组进行比较。

注意事项

（1）室温升高会增强动物对缺氧的敏感性，故实验室温度应保持在 23 ℃左右。
（2）本实验选用雄性动物得出的结果较稳定。

思考题

（1）影响代谢率的因素有哪些?

（2）甲状腺素怎样调节机体代谢?

讨论题

机体甲状腺功能亢进或减退的症状有哪些? 其生理机制是什么?

第三部分

综合性与探索性实验

第 12 章　综合性实验

实验 12.1　蛙类离体心脏灌流及其影响因素研究

离体蛙心的制备　　蛙心灌流实验现象

Q 你知道吗?

◆ 什么是心肌的自动节律性?

◆ 心肌自动节律性的影响因素有哪些?

实验目的

（1）学习斯氏蛙心插管法。

（2）了解心肌的生理特性。

（3）观察 Na^+、K^+、Ca^{2+} 及肾上腺素、乙酰胆碱等对离体心脏活动的影响。

实验原理

心肌具有自动节律性收缩的特性，可用人工灌流的方法研究心脏活动的规律及特点，还可观察灌流液成分的改变对离体心脏活动的影响。

实验对象

蛙或蟾蜍

药品与器材

任氏液、0.65%NaCl 溶液、5%NaCl 溶液、2%CaCl$_2$ 溶液、1%KCl 溶液、1∶5 000 肾上腺素溶液、1∶10 000 乙酰胆碱溶液、300 U/mL 肝素、蛙心套管（斯氏套管）、套管夹、支架、双凹夹、滑轮、烧杯、常用手术器械、蛙板（或蜡盘）、蛙心夹、生物信号采集与处理系统、张力换能器、滴管、培养皿（或小烧杯）、污物缸、纱布、棉线、橡皮泥。

方法与步骤

1. 离体蛙心的制备

制备离体蛙心的方法有两种，即斯氏蛙心插管法和八木氏蛙心插管法，本实验介绍斯氏蛙心插管法。

（1）取一只蛙，破坏脑和脊髓，暴露心脏。

（2）用小镊子夹起心包膜，沿心轴剪开心包膜，仔细识别心房、心室、动脉圆锥、主动脉、静脉窦、前后腔静脉等。

（3）在其右主动脉下穿一根线并结扎，再在左右主动脉下穿一根线。用玻璃针将心脏翻至背面，将前后腔静脉和左右肺静脉一起结扎（注意勿扎住静脉窦）。使心脏回复原位，在左主动脉下穿两根线，用一根线结扎左主动脉远心端，另一根线置于主动脉近心端备用。提起左主动脉远心端缚线，用眼科剪在左主动脉上靠近动脉圆锥处剪一斜口，将盛有少量任氏液的蛙心插管由此插入主动脉，插至动脉圆锥时略向后退，在心室收缩时，向心室后壁方向插，经主动脉瓣插入心室腔内（不可插入过深，以免心室壁堵住插管下口），如图12-1所示。插管若成功进入心室，管内液面会随着心室跳动而上下移动。用左主动脉上近心端的备用线结扎插管，并将结扎线固定于插管侧面的小突起上。

（4）提起插管，在结扎线远端分别剪断左主动脉和右主动脉，轻轻提起插管，剪断左右肺静脉和前后腔静脉，将心脏离体。用滴管吸净插管内余血，加入新鲜任氏液，反复数次，直至液体完全澄清。保持灌流液面高度恒定（1~2 cm），即可进行实验。

2. 仪器准备

打开生物信号采集与处理系统，接通张力换能器输入通道。选取"实验项目—循环实验—蛙心灌流实验"模式。

3. 实验装置的搭建

将插好离体心脏的套管固定在支架上，用蛙心夹夹住少许心尖部肌肉（不可夹得过多，以免因夹破心室而漏液），再将蛙心夹上的系线绕过一个滑轮与张力换能器相连，如图12-2所示。注意勿使灌流液滴到传感器上，调节显示器上心脏收缩曲线的幅度至适中。

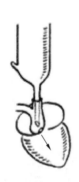

图12-1　插管进入心室方向

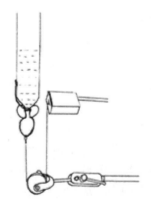

图12-2　蛙心灌流记录装置

4. 实验观察

（1）记录正常心搏曲线。

（2）改用0.65%NaCl溶液灌流，并做好加药标记，观察心搏变化。待曲线出现明显变化时，立即吸去套管中的灌流液，同时做好冲洗标记，并用新鲜任氏液清洗2~

3 次，待心搏恢复正常。注意换液时切勿碰撞套管，以免影响描记曲线的基线，同时保持灌流液面一致（下同）。

（3）向套管内加 2~6 滴 5%NaCl（较细的套管需少加）溶液，做好加药标记，观察心搏曲线的频率及振幅变化。当曲线出现明显变化时，应立即吸去套管中的灌流液，并做好冲洗标记，迅速用新鲜任氏液清洗 2~3 次，待心搏恢复正常。

（4）同法向套管内加入 1~3 滴 2%$CaCl_2$ 溶液，观察并记录心搏曲线的变化。当出现明显变化时，立即更换任氏液，待心搏恢复正常（如果恢复迟缓，可多次冲洗）。

（5）向套管中加入 1~2 滴 1%KCl 溶液，记录心搏曲线的变化。当心搏曲线变化时，同法更换灌流液，待心搏恢复正常。

（6）同法记录套管中加入 1~2 滴的肾上腺素溶液（1∶5 000）后心搏曲线的变化。

（7）同法记录套管中加入 1~2 滴乙酰胆碱溶液（1∶10 000）后心搏曲线的变化。

5. 实验记录

整理记录，并将测量的心搏曲线数据填入表 12-1 中。

表 12-1　改变灌流液成分对蛙类离体心脏活动的影响

实验项目		心率/（次·min^{-1}）	振幅/mm	基线变化	其他
0.65%NaCl	对照				
	给药				
	恢复				
5%NaCl	对照				
	给药				
	恢复				
2%$CaCl_2$	对照				
	给药				
	恢复				
1%KCl	对照				
	给药				
	恢复				
肾上腺素	对照				
	给药				
	恢复				
乙酰胆碱	对照				
	给药				
	恢复				

⚠ 注意事项

（1）每次换液时，插管内的液面均应保持一定的高度。

（2）加试剂时，先加 1~2 滴，用吸管混匀后如作用不明显可补加。

（3）每项实验应有前后对照，每次加药时应做记号。

（4）随时滴加任氏液于心脏表面使之保持湿润。

（5）本实验所用药液种类较多，注意避免药液通过滴管互相污染。

（6）固定换能器时，其头端应稍向下倾斜，以免部分滴下的液体流入换能器内。

💡 可能出现的问题与解释

◇ 问题1：插管插入后，管中的液面不随心脏搏动而波动或波动幅度不大，影响结果的观察。

解释：（1）插管插到了主动脉的螺旋瓣中，未进入心室。

（2）插管插到了主动脉壁肌肉和结缔组织的夹层中。

（3）插管尖端抵触到心室壁。

（4）插管尖端被血凝块堵塞。

◇ 问题2：插管后，心脏不跳动。

解释：（1）心室或静脉窦受损。

（2）插管尖端深入心室太多，或尖端太粗而心脏太小（鱼类容易出现），影响心室的收缩。

（3）心脏机能状态不好。

📑 思考题

（1）本实验可说明心肌的哪些生理特性？

（2）试分析任氏液中适量的 Na^+、Ca^{2+} 和 K^+ 对心肌自动节律性的作用。

（3）为何强调实验中保持灌流液面的恒定？灌流量对心脏活动有什么影响？

📑 讨论题

（1）活的机体在心交感神经兴奋或心迷走神经兴奋时对心脏有什么影响？

（2）结合实验，说一说内环境相对恒定的重要意义。

实验 12.2　研究家兔动脉血压的神经、体液调节

动脉血压调节
实验现象

> **Q 你知道吗？**
>
> ◆ 血压是如何形成的？
> ◆ 血压的影响因素有哪些？

实验目的

（1）学习直接测定家兔动脉血压的实验方法。

（2）观察神经、体液对心血管活动的影响。

实验原理

在正常生理情况下，人和高等动物的动脉血压是相对稳定的。这种相对稳定性是通过神经和体液的调节实现的，其中颈动脉窦和主动脉弓压力感受性反射尤为重要。此反射既可使升高的血压下降，又可使降低的血压升高，故有血压缓冲反射之称。家兔的主动脉神经在解剖上独成一支，易于分离与观察其作用。

本实验应用液导系统直接测定动脉血压，即将动脉插管与压力换能器连通，使其内充满抗凝液体，构成液导系统，将动脉插管插入动脉内，动脉内的压力及其变化可通过封闭的液导系统传递到压力换能器，并由生物信号采集与处理系统记录下来。

实验对象

家兔

药品与器材

生理盐水、4%柠檬酸钠溶液、20%~25%氨基甲酸乙酯溶液、200 U/mL 肝素、1：5 000 肾上腺素、1：10 000 乙酰胆碱、兔手术台、常用手术器械、止血钳（4~6 把）、眼科剪、支架、双凹夹、气管插管、动脉插管、三通管、动脉夹、生物信号采集与处理系统、压力换能器、保护电极、照明灯、纱布、棉球、丝线、注射器（1 mL，5 mL，20 mL）。

方法与步骤

1. 准备实验仪器

打开生物信号采集与处理系统，接通压力换能器，选择"实验项目—血液循环实验—血压调节实验"模式，使显示器显示压力读数。

2. 连通液导系统并制压

将压力换能器的下方支管通过输液管连接三通管，再连接动脉插管。上方支管供

制压时排除管内空气使用。先用装有 20 mL 4%柠檬酸钠溶液的注射器通过三通管向连接动脉插管的输液管内推注，使之充满液体（不要使动脉插管高过压力换能器的上方支管）后，再用止血钳夹住动脉插管端的输液管。然后继续向三通管内推注 4%柠檬酸钠溶液，直至压力换能器上方支管内充满液体，并用塞子塞住（液导系统内不可有气泡）。继续向三通管内推注 4%柠檬酸钠溶液，同时观察显示器上的压力变化，当加压到 120 mmHg 时即可关闭三通管，观察压力是否发生变化。若压力下降，则需要检查液导系统，分析漏液原因，并重新制压。调节血压显示器的灵敏度，使 30~130 mmHg 的变化都能在显示器上明显地反映出来。使动脉插管端的导管内充满肝素溶液。

3. 准备动物

（1）麻醉。家兔称重后，由兔耳缘静脉缓慢注入 20%氨基甲酸乙酯溶液（5 mL/kg体重）。注射过程中注意观察家兔肌张力、呼吸频率及角膜反射的变化，防止麻醉过深。麻醉结束后可用一动脉夹将针头固定，保留在兔耳缘静脉内，针头内抽入一根针灸毫针防止出血和针头内凝血。实验中每次注射药物时，拔出毫针即可进行注射，以免多次静脉穿刺。

（2）动物固定。将麻醉好的家兔以仰卧位固定于兔手术台上，颈部摆正，必要时可在颈部下方垫一小垫（或 10~20 mL 注射器），以利于手术。

（3）分离颈部血管和神经。兔颈部剪毛，做 5~7 cm 长的正中切口，分离皮下组织和浅层肌肉后，沿纵行的气管前肌和胸锁乳突肌间钝性分离，将胸锁乳突肌向外侧分开，即可见到深层位于气管旁的血管神经丛，仔细辨认并小心分离左侧的迷走神经和降压神经，下穿不同颜色的湿丝线备用。然后分离双侧颈总动脉，穿线备用。

（4）动脉插管。分离右侧颈总动脉 2~3 cm（尽量向头端分离），近心端用动脉夹夹闭，远心端用线扎牢，在结扎处的近端剪一斜口，向心脏方向插入已注满肝素生理盐水（按一定比例）的动脉插管（注意管内不应有气泡），用线将插管与动脉扎紧。放开动脉夹，记录动脉血压。按下"储存"按钮，各实验项目注意做好标记。

4. 观察实验项目

（1）观察正常血压曲线。可以明显地观察到心室射血与主动脉回缩形成的压力变化及收缩压、舒张压的读数。有时可以观察到血压随呼吸变化的曲线，心搏波为一级波，呼吸波为二级波，如图 12-3 所示。

一级波（心搏波）：由心室舒缩活动引起的血压波动，心缩时上升，心舒时下降，其频率与心率一致。

二级波（呼吸波）：由呼吸运动引起的血压波动，吸气时血压先下降，继而上升，呼气时血压先上升，继而下降，其频率与呼吸频率一致。

三级波：不常出现，可能由心血管中枢的紧张性活动的周期变化所致。

（2）轻轻提起对侧完好颈总动脉上的备用线，用动脉夹夹闭 30 s（于夹闭前记录动脉通畅时的血压曲线），观察并记录血压变化。出现变化后即取下动脉夹，记录血压的恢复过程。

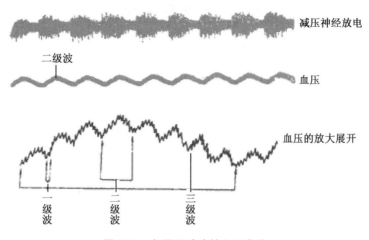

减压神经放电

二级波

血压

血压的放大展开

一级波　二级波　三级波

图 12-3　兔颈总动脉的血压曲线

（3）记录对照血压曲线后，用手指按压兔颈动脉窦，观察并记录血压变化。当其血压明显下降时，停止按压，待血压恢复（如果血压升高，说明按压的是血管，需要重新寻找按压位置）。

（4）刺激主动脉神经。使刺激输出端连接保护电极，轻轻提起主动脉神经上的备用线，小心地将神经置于保护电极上。记录对照血压曲线后，用中等强度的连续电脉冲信号通过保护电极刺激兔主动脉神经 10~20 s，血压出现明显下降后即可停止刺激，并待其血压恢复。如果血压不下降，可调整刺激强度或刺激频率再行刺激。当任何刺激都无效时，表示此神经并非主动脉神经，需要重新辨认神经后再行实验。

（5）分别刺激主动脉神经中枢端和外周端。双结扎主动脉神经后（务必扎紧），从两结扎线之间剪断神经。记录对照血压曲线后，同法分别刺激神经的中枢端和外周端，观察并记录血压变化。

（6）刺激迷走神经。记录对照血压曲线后，用同样的方法刺激迷走神经，观察血压下降曲线与（4）中有何不同（如果血压下降很快且下降得很低，应立即停止刺激）。

（7）结扎并剪断迷走神经。同时结扎双侧迷走神经后剪断，观察血压有何变化。

（8）刺激迷走神经外周端。分别刺激两侧迷走神经外周端，观察血压变化有何不同并记录。

（9）观察肾上腺素对血压的影响。记录对照血压曲线后，用 1 mL 注射器从兔耳缘静脉注入 0.1~0.3 mL 肾上腺素溶液，观察血压变化及恢复曲线并记录。

（10）观察乙酰胆碱对血压的影响。同法注入 0.1~0.2 mL 乙酰胆碱溶液，观察注射前后血压变化。

（11）观察失血对血压的影响。从另一侧动脉插入动脉插管后慢慢放血，观察放血量对血压的影响。

5. 记录实验结果

整理实验结果，并将实验结果填入表 12-2 中。

表 12-2　家兔血压实验记录表　　　　　　　　　　　　　　　mmHg

实验项目	实验前血压对照	实验时血压变化极值	恢复稳定值
夹闭另一侧颈总动脉			
按压颈动脉窦			
刺激主动脉神经			
刺激主动脉神经中枢端			
刺激主动脉神经外周端			
剪断双侧迷走神经			
刺激左侧迷走神经外周端			
刺激右侧迷走神经外周端			
注入肾上腺素溶液			
注入乙酰胆碱溶液			
失血 1（　　mL）			
失血 2（　　mL）			
失血 3（　　mL）			

⚠ 注意事项

（1）本实验麻醉应适量，麻醉药注射速度要慢，同时注意呼吸变化，以免麻醉过度导致动物死亡。如果实验时间过长，动物苏醒挣扎，可适量补充麻醉药物。

（2）仪器和动物要接地，并注意适当屏蔽。

（3）每一项实验结束后都必须待血压和心率恢复正常，才能进行下一个实验。

（4）每次静脉注射完药物后应立即推注 0.5 mL 生理盐水，以防止药液残留在针头内及局部静脉中而影响下一种药物的效应。

（5）实验中注射药物较多，要注意保护动物耳缘静脉。

（6）实验结束后，必须结扎颈总动脉近心端后再拔除动脉插管。

📋 思考题

（1）分析各项实验结果，说一说血压正常及发生变化的机理。

（2）如何证明主动脉神经是传入神经？

（3）如何证明迷走神经外周端对心脏有调节作用？

（4）试分析主动脉神经放电与血压变化的关系。

📋 讨论题

根据实验内容，讨论神经、药物如何影响心率与呼吸。

实验 12.3 研究家兔呼吸运动的调节

Q 你知道吗?

◆ 调节呼吸运动的反射主要有肺牵张反射和化学感受性呼吸反射,它们的调节过程是什么样的?

实验目的

(1) 学习记录家兔呼吸运动的方法。
(2) 观察并分析某些因素对呼吸运动的影响。

实验原理

呼吸运动能够经常有节律地进行,并适应机体代谢的需要,是受体内呼吸中枢调节的结果。体内外各种刺激可以作用于呼吸中枢或通过不同的感受器反射性地影响呼吸运动。

实验对象

家兔

药品与器材

生理盐水、20%氨基甲酸乙酯溶液、3%乳酸溶液、CO_2 气体、纯氮气、生物信号采集与处理系统、马利氏气鼓、张力换能器、哺乳动物手术器械一套、兔手术台、气管插管、注射器 (5 mL 和 20 mL 各一支)、50 cm 长的橡皮管一条、纱布、线、球囊 (2 个)、保护电极。

方法与步骤

1. 准备实验

由兔耳缘静脉注入 20%氨基甲酸乙酯溶液 (5 mL/kg 体重),待家兔麻醉后将其以仰卧位固定于手术台上。沿颈部正中切开皮肤,分离气管并插入气管插管。分离出颈部双侧迷走神经,穿线备用。

2. 记录呼吸运动

将马利氏气鼓上的橡皮管和气管插管一侧开口连

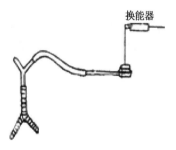

换能器

图 12-4 呼吸运动的记录装置

接,调整插管另一侧短橡皮管口径,使气鼓薄膜波动的振幅大小适当。在气鼓的薄膜鼓面中心缚一根细线悬挂在张力换能器的悬梁臂上,换能器接入仪器通道 1,记录装置如图 12-4 所示。打开生物信号采集与处理系统主界面,选择进入实验程序。

3. 观察实验

(1) 描记正常呼吸曲线以做对照,认清曲线与呼吸运动的关系。

（2）增大吸入气中的 CO_2 浓度，将装有 CO_2 的球囊管口对准侧口，将管上的夹子逐渐松开，使 CO_2 随吸气缓缓进入气管。观察高浓度 CO_2 对呼吸运动的影响，然后夹闭 CO_2 球囊观察呼吸恢复正常的过程。

（3）缺氧。将气管插管的侧管与盛有纯氮气的球囊相连，让家兔呼吸球囊中的氮气，以达到使其缺氧的目的，待其恢复正常再进行下一个项目。

（4）增大无效腔。把 50 cm 长的橡皮管用小玻璃管连接在侧管上，使家兔通过这根长管进行呼吸，观察一段时间后其呼吸运动有何变化。当家兔呼吸发生明显变化时去掉橡皮管，使其呼吸恢复正常。

（5）血中酸性物质增多时的效应。用 5 mL 注射器由兔耳缘静脉较快地注入 2 mL 3%乳酸溶液，观察此时呼吸运动的变化过程。

（6）迷走神经在呼吸运动中的作用。描记一段对照呼吸曲线，先切断家兔一侧迷走神经，观察其呼吸运动有何变化，再切断另一侧迷走神经，观察其呼吸运动有何变化。然后以不同刺激强度刺激一侧迷走神经的中枢端，再观察呼吸运动的变化。

⚠ 注意事项

（1）气管插管前、剪口后及插管时一定要注意对气管进行止血，并将气管内清理干净再行插管。

（2）经兔耳缘静脉注射乳酸时，要选择静脉远端，注意不要刺穿静脉，以免乳酸外漏，导致动物躁动。

（3）用保护电极刺激迷走神经中枢端之前一定要先检查刺激器的输出。

（4）气管插管侧管的夹子在实验全过程中不得变动，以便做呼吸振幅前后比较。

📑 思考题

（1）分析各项实验结果，说一说缺 O_2、CO_2 及乳酸增多对呼吸的影响机制有何不同。

（2）迷走神经在节律性呼吸运动中起什么作用？

📑 讨论题

剧烈运动后呼吸急促是正常的生理现象，休息后症状会逐步减轻，直至恢复正常。请解释这一现象。

实验 12.4　胃肠运动及其影响因素研究

> **Q　你知道吗？**
>
> ◆ 胃肠运动在食物消化过程中起什么作用？
> ◆ 影响和调节胃肠运动的因素有哪些？

实验目的

（1）了解胃的运动情况及其调节机制。

（2）通过在胃肠表面滴加化学物质，观察某些物质对胃肠运动的影响。

实验原理

胃肠平滑肌都有自动节律性，当其出现自发运动时会导致胃肠压力的变化，此时可以胃内压力为指标，观察胃的运动情况。在正常情况下，胃肠运动会受到自主神经系统的控制和体液因素的影响。

实验对象

家兔

药品与器材

20%氨基甲酸乙酯溶液、0.01%乙酰胆碱溶液、0.01%肾上腺素溶液、阿托品、生理盐水、兔手术台、哺乳类动物手术器械、生物信号采集与处理系统、刺激输出线、保护电极、压力换能器、带气囊的导尿管、注射器（5 mL 和 20 mL）、滴管。

方法与步骤

1. 麻醉

常规麻醉，用 20%氨基甲酸乙酯溶液（5 mL/kg 体重）麻醉家兔，麻醉后将其以背位固定于兔手术台上。

2. 行颈部手术

进行常规颈部手术，分离一侧颈部迷走神经，穿线备用。

3. 行腹部手术

将家兔腹部的毛剪净，从胸骨剑突下沿腹中线剖开腹壁，长约 10 cm。用止血钳将腹壁夹住，轻轻提起，腹腔内的液体和器官就不会流出。为防止热量散失及保持切口湿润，切口周围可用温热生理盐水纱布围裹。

4. 连接仪器

（1）打开生物信号采集与处理系统。

（2）选择"信号输入—通道 1 或者其他通道—压力实验项目"。

5. 观察实验

（1）观察基础状态下胃运动的变化。

（2）电刺激左侧迷走神经外周端，观察胃运动的变化。

（3）由兔耳缘静脉注射 0.01% 乙酰胆碱溶液 0.5 mL，观察胃运动的变化。

（4）由兔耳缘静脉注射 0.01% 肾上腺素溶液 0.3 mL，观察胃运动的变化。

（5）沿家兔腹正中线切开皮肤，分离皮下组织，沿腹白线打开腹腔，充分暴露胃肠，直接观察胃和小肠的运动。观察胃的形状、紧张度，以及有无运动；观察小肠的运动形式，以及有无分节运动和蠕动。

（6）电刺激迷走神经的外周端，观察胃和小肠运动的变化。

（7）直接在胃和小肠表面滴加 0.01% 乙酰胆碱溶液，观察胃和小肠运动的变化。

（8）直接在胃和小肠表面滴加 0.01% 肾上腺素溶液，观察胃和小肠运动的变化。

（9）先静脉注射阿托品 0.5 mg，再刺激迷走神经外周端，观察胃和小肠运动的变化。

比较（1）~（4）的结果有何不同。

⚠️ 注意事项

（1）动物麻醉宜浅，并随时用温热生理盐水保持胃肠表面湿润。

（2）每进行一项实验后，应等待胃运动基本恢复稳定再进行下一项实验。

📑 思考题

（1）使用阿托品前后，刺激迷走神经的外周端和注射乙酰胆碱后胃运动的变化有何不同？机理如何？

（2）正常情况下，胃肠运动有哪些形式？

📑 讨论题

肠胃吸收好有助于身体强壮。如何增强胃肠动力来改善胃肠的消化吸收能力？

实验 12.5　研究胆汁分泌的调节

Q 你知道吗?

◆ 胆汁是人体重要的消化液, 它有什么作用?

◆ 胆汁是什么细胞分泌的?

◆ 胆汁的分泌受哪些因素影响?

实验目的

(1) 学习记录胆汁分泌量的方法。

(2) 观察迷走神经和体液因素对胆汁分泌的影响。

实验原理

胆汁是由肝细胞分泌的。在非消化期, 肝胆汁流入胆囊储存; 在消化期, 肝胆汁直接进入十二指肠, 同时胆囊胆汁也因胆囊平滑肌的收缩而进入十二指肠。如将塑料引流管直接插入胆总管, 可对进入十二指肠的肝胆汁和胆囊胆汁进行计量, 从而观察神经体液因素对胆汁分泌和排出的影响。

实验对象

家兔

药品与器材

生理盐水、20% 氨基甲酸乙酯溶液、促胰液素、胆盐、0.01% 乙酰胆碱溶液、兔手术台、哺乳动物手术器械、记滴器、刺激输出线、保护电极、注射器 (1 mL, 5 mL, 20 mL)、细塑料管、烧杯、生物信号采集与处理系统。

方法与步骤

1. 术前准备

用 20% 氨基甲酸乙酯溶液 (5 mL/kg 体重) 施行兔耳缘静脉麻醉, 将麻醉后的家兔以背位固定于兔手术台上。

2. 行颈部手术

沿颈正中线切开家兔皮肤, 分离皮下组织, 插好气管插管, 分离出左侧迷走神经, 穿线备用。

3. 胆汁引流

沿剑突下腹正中线切开腹部皮肤, 分离皮下组织, 沿腹白线打开腹腔。沿胃幽门端找到十二指肠, 在十二指肠背面可见一黄绿色较粗的肌性胆总管。仔细分离, 避免出血, 在胆总管下穿线备用。在靠近十二指肠端的胆总管处剪一斜切口, 插入塑料管, 用线结扎固定。插入塑料管后, 立即可见绿色胆汁顺管流出。如果没有胆汁流出, 说明可能插到夹层, 需取出重插。注意塑料管不要扭曲, 应与胆总管平行。最后将胆汁引流管插进记滴器。

4. 仪器连接

打开生物信号采集与处理系统，将记滴器输入端插入生物信号采集与处理系统，记滴器输出线与记滴装置连接并置于尿滴位置。

5. 项目观察

（1）观察正常胆汁分泌量，单位"滴/min"。

（2）电刺激右侧迷走神经，观察胆汁分泌速度有何变化。

（3）静脉注射用生理盐水稀释一倍的胆汁5 mL，观察胆汁分泌速度有何变化。

（4）静脉注射0.01%乙酰胆碱溶液0.5 mL，观察胆汁分泌速度有何变化。

（5）静脉注射自制促胰液素4~6 mL，观察胆汁分泌速度有何变化。

⚠ 注意事项

（1）手术操作应轻柔，手术中注意止血。

（2）打开动物腹腔后用温热生理盐水纱布覆盖切口，并及时更换，以保持切口的温度和湿润度适宜。

（3）自制促胰液素的方法：两端双结扎兔的十二指肠后取下十二指肠，将肠腔冲洗干净，重新扎好，注入50 mL 0.5%HCl溶液。放置2 h，纵向剪开肠壁，平铺在桌面上，刮下黏膜，并置研钵中研磨。将研成的组织匀浆倒入烧杯中，加10% NaOH溶液中和至呈中性，并用滤纸过滤，滤液中即含有促胰液素，置冰箱中保存备用。

思考题

刺激迷走神经的离中端可通过哪些机制影响胆汁的分泌？

讨论题

因胆结石而手术切除胆囊会有什么后遗症？

实验 12.6　循环、呼吸、泌尿系统的综合实验

Q 你知道吗？

◆ 机体的神经-体液调节机制是什么？

◆ 循环、呼吸、泌尿三大系统之间有怎样的联系？

实验目的

通过观察在整体情况下各种理化刺激引起的动物循环、呼吸、泌尿系统等功能的适应性改变，加深对机体在整体状态下的整合机制的认识。

实验原理

动物机体总是以整体的形式存在，不仅以整体的形式与外环境保持密切的联系，而且通过神经-体液调节机制不断改变和协调各器官系统（如循环、呼吸和泌尿等系统）的活动，以适应内环境的变化，使得新陈代谢正常进行。

实验对象

家兔

药品与器材

20%氨基甲酸乙酯溶液、0.5%肝素生理盐水、38 ℃生理盐水、1∶10 000 去甲肾上腺素溶液、1∶10 000 乙酰胆碱溶液、呋塞米（利尿）、垂体后叶素、20%葡萄糖溶液、生理盐水、3%乳酸溶液、5% $NaHCO_3$ 溶液、CO_2 气体、碱石灰。

哺乳动物手术器械、兔手术台、动脉夹、注射器（1 mL，5 mL，50 mL）、生物信号采集与处理系统、刺激器、记滴器、刺激电极、压力换能器、张力换能器、气管插管、橡皮管、球囊、动脉插管、输尿管插管（或膀胱套管）、刻度试管、金属钩、铁支架、丝线。

方法与步骤

1. 准备实验

（1）麻醉固定：给家兔称重并进行常规麻醉，麻醉后将其固定于兔手术台。

（2）颈部手术：① 进行常规气管插管术；② 进行右侧颈总动脉插管术，并连接压力换能器，记录血压（见实验 12.2）。

（3）上腹部手术：上腹部剪毛，切开胸骨剑突部位的皮肤，沿腹白线切开长约 2 cm 的切口，小心分离、暴露剑突软骨及骨柄，用金冠剪剪断剑骨柄，将缚有长线的金属钩钩于剑突中间部位，线的另一端连张力换能器，记录呼吸变化。

（4）下腹部手术：下腹部剪毛，沿耻骨上缘正中线切开约 4 cm 皮肤，剪开腹壁（注意勿伤及腹腔内器官），在腹腔底部找出两侧输尿管，实施输尿管插管术（或膀胱插管，暴露膀胱可通过膀胱漏斗结扎术，见实验 8.1）。

2. 连接实验装置

分别将压力换能器、张力换能器和记滴器与生物信号采集与处理系统相连，选定各信号输入的通道，调整动脉血压波形、呼吸波形和尿滴速度。

3. 观察实验项目

（1）记录一段正常的动脉血压曲线、呼吸曲线和尿量。

（2）吸入 CO_2 气体：将装有 CO_2 的气囊（可用呼出气体）管口对准气管插管，观察血压、呼吸及尿量的变化。

（3）缺氧：将气管插管的一侧管与装有碱石灰的广口瓶相连，广口瓶的另一开口与盛有一定量空气的气囊相连，此时家兔呼出的 CO_2 可被碱石灰吸收，随着呼吸的进行，气囊里的 O_2 逐渐减少，可造成缺氧。观察家兔血压、呼吸及尿量的变化。

（4）改变血液的酸碱度：① 由兔耳缘静脉较快地注入 2 mL 3% 乳酸溶液，观察 H^+ 增多对血压、呼吸及尿量的影响。② 由兔耳缘静脉较快地注入 6 mL 5% $NaHCO_3$ 溶液，观察血压、呼吸及尿量的变化。

（5）夹闭颈总动脉：待血压稳定后，用动脉夹夹住左侧颈总动脉，观察血压、呼吸及尿量的变化。出现明显变化后去除夹闭。

（6）电刺激迷走神经和降压神经：连接保护电极与刺激输出线（通道），待血压恢复后，分别将右侧迷走神经、降压神经轻轻搭在保护电极上，选择刺激强度为 6 V、刺激频率为 40~50 次/s、刺激时间为 15~20 s，观察血压、呼吸及尿量的变化。

（7）静脉注射生理盐水：由兔耳缘静脉快速注射 38 ℃ 生理盐水 30 mL，观察血压、呼吸及尿量的变化。

（8）静脉注射利尿药：待血压恢复后，由兔耳缘静脉注射呋塞米 0.5 mL，观察血压、呼吸及尿量的变化。

（9）静脉注射垂体后叶激素：在注射呋塞米的基础上，由兔耳缘静脉缓慢注射垂体后叶激素 2 U，观察血压、呼吸及尿量的变化。

（10）静脉注射去甲肾上腺素溶液（NE）：待血压恢复后，由兔耳缘静脉注射 1：10 000 去甲肾上腺素溶液（0.15 mL/kg 体重），观察血压、呼吸及尿量的变化。

（11）静脉注射乙酰胆碱溶液（ACh）：待血压恢复后，由兔耳缘静脉注射 1：10 000 乙酰胆碱溶液（0.15 mL/kg 体重），观察血压、呼吸及尿量的变化。

（12）静脉注射葡萄糖溶液：待血压恢复后，由兔耳缘静脉注射 20% 葡萄糖溶液 5 mL，观察血压、呼吸及尿量的变化。

（13）动脉放血：待血压恢复后，调节三通管使动脉插管与 50 mL 注射器（内有肝素）相通，放血 50 mL（放血后立即用肝素生理盐水将插管内血液冲回兔体内，以防凝血），观察血压、呼吸及尿量的变化。

（14）回输血液：于放血后 5 min 经动脉插管将放出的血液全部回输入兔体内，观察血压、呼吸及尿量的变化。

4. 记录实验结果

记录各项实验前后动脉血压、呼吸频率及尿量的变化，记入表 12-3 中并分析。

表 12-3　实验前后动脉血压、呼吸频率及尿量的变化

实验项目	血压/mmHg			呼吸频率/（次·min^{-1}）			尿量/（滴·min^{-1}）		
	实验前	实验后	升降	实验前	实验后	增减	实验前	实验后	增减
实验前									
吸入 CO_2 气体									
缺氧									
改变血液的酸碱度									
夹闭颈总动脉									
电刺激迷走神经和降压神经									
静脉注射生理盐水									
静脉注射呋塞米									
静脉注射垂体后叶激素									
静脉注射 NE									
静脉注射 ACh									
静脉注射葡萄糖									
动脉放血									
回输血液									

⚠ 注意事项

（1）在麻醉动物时，缓慢将药物推入，防止动物因麻醉过量而死亡。

（2）剪断胸骨柄时不能剪得过深，以免伤及其下附着的膈肌。

（3）做输尿管插管术时，要防止将管插入管壁肌层之间。

（4）术后要用湿纱布覆盖手术切口，以防水分流失。

（5）在前一项实验的作用基本消失后，再进行下一项实验。

📝 思考题

试从动物机体整体状态下的整合机制出发，分析讨论上述各项实验的结果，并分析其作用机制。

📑 讨论题

结合本实验，谈谈你对肾素–血管紧张素–醛固酮系统的理解。

实验 12.7　研究家兔大脑皮层的运动机能定位

Q 你知道吗？

◆ 大脑皮层功能区如何划分？有几个分区？
◆ 躯体运动中枢的功能是什么？

实验目的

（1）学习哺乳动物的开颅方法。

（2）电刺激兔大脑皮层的不同区域，观察相关肌肉的收缩活动，了解皮层运动区与肌肉运动的定位关系及其特点。

实验原理

大脑皮层运动区通过锥体束及锥体外系下行通路控制脑干和脊髓运动神经元的活动，从而控制肌肉运动。电刺激运动区的不同部位，能使特定的肌肉发生短促的收缩。这些皮层部位有序排列，在人和高等动物的中央前回最为明显，称为皮层运动区机能定位。在较低等的哺乳动物（如兔和大鼠）的大脑皮层中，运动机能定位已具有一定的雏形。

实验对象

家兔

药品与器材

20%氨基甲酸乙酯溶液、生理盐水、液体石蜡、哺乳动物手术器械、小骨钻、小咬骨钳、骨蜡（或止血海绵）、生物信号采集与处理系统、刺激电极、纱布。

方法与步骤

1. 麻醉

在兔耳缘静脉注射 20%氨基甲酸乙酯溶液，剂量为 3.3 mL/kg 体重。

2. 行开颅手术

兔颅骨标示如图 12-5 所示。将家兔以俯位固定于兔手术台上，将头固定于头架，剪去头部的毛，从眉间至枕部沿矢状缝切开皮肤及骨膜，用刀柄向两侧剥离肌肉并刮去颅顶骨膜。用小骨钻钻开颅骨，勿伤及硬脑膜。用小咬骨钳扩大创口，暴露一侧大脑上侧面，勿伤及矢状窦，必要时可用骨蜡止血。用小镊子夹起硬脑膜，仔细剪去，暴露大脑皮层，在其上滴少量温热的液体石蜡，以防皮层干燥。术毕放松家兔的头及四肢，以便观察躯体的运动效应。

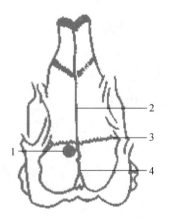

1—钻孔处；2—矢状缝；
3—冠状缝；4—人字缝。

图 12-5　兔颅骨标示

3. 观察大脑皮层的刺激效应

开启生物信号采集与处理系统,用合适的电刺激逐点刺激大脑皮层的不同区域,每次刺激后休息约 1 min,观察躯体的运动效应,并将结果标记在大脑半球背面观的示意图上,如图 12-6 所示。

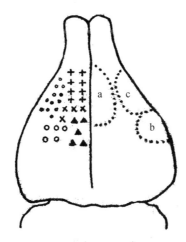

a—中央后区;b—脑岛区;c—下颌运动区;×—前肢、后肢动;

+—颜面肌和下颌动;○—头动;●—下颌动;▲—前肢动。

图 12-6 兔皮层的刺激效应

⚠ 注意事项

(1)麻醉不宜过深,过深则影响刺激效应。

(2)术中应仔细止血,并注意勿损伤大脑皮层。保持大脑皮层的兴奋性,且表面光泽、血管清晰。

(3)选定合适的刺激参数。

(4)刺激电极间距宜小,但勿短路。

思考题

为什么电极刺激大脑皮层引起的肢体运动呈现左右交叉反应?

讨论题

(1)试述躯体运动的神经控制机制。

(2)为什么刺激大脑皮层时要用连续刺激,而不用单刺激?

实验 12.8 甲状腺素对蝌蚪发育的影响研究

Q 你知道吗？

◆ 甲状腺素是什么？它如何起作用？

实验目的

观察甲状腺素对蝌蚪发育过程中形态变化的影响。

实验原理

蝌蚪一般出生3个月左右会完成变态发育过程变成蛙。变态发育过程包括体部吸收尾部、前肢由鳃室伸出、头部形状改变、嘴变扁变大、鳃消失等，这一过程是受甲状腺素控制的。

实验对象

同种同时孵化的蝌蚪（25条，体长5~10 mm）

药品与器材

绿藻、鲜牛肝、鲜牛甲状腺、甲状腺粉（配成2%溶液）、碘液、1 000 mL广口瓶（5个）、有孔匙羹、平底玻璃碟、方格纸（1 mm×1 mm）。

方法与步骤

（1）将蝌蚪分置于下列5个广口瓶内饲养，每瓶5条，各瓶按下述要求添加饲养液。

第1瓶：井水（或池塘水，下同）50 mL+绿藻（少许）。

第2瓶：井水50 mL+绿藻（少许）+鲜牛肝（磨碎）0.5 g。

第3瓶：井水50 mL+绿藻（少许）+鲜牛甲状腺（磨碎）0.5 g。

第4瓶：井水50 mL+绿藻（少许）+甲状腺粉溶液20 mL。

第5瓶：井水50 mL+绿藻（少许）+碘液（少许）。

将各瓶置于同一温度与光照条件下，每2天更换饲养液一次。

（2）每隔3天用有孔匙羹将蝌蚪捞起，放入一平底玻璃碟内，再将碟放于一方格纸上（1 mm×1 mm），测量蝌蚪的长度，同时注意其形态的变化。

（3）将每次观察的结果填入表12-4中。

表12-4 蝌蚪长度记录表

编号	饲养前长度/mm	饲养后长度/mm										备注
		第3天	第6天	第9天	第12天	第15天	第18天	第21天	第24天	第27天	第30天	
1												
2												

编号	饲养前长度/mm	饲养后长度/mm										备注
		第 3 天	第 6 天	第 9 天	第 12 天	第 15 天	第 18 天	第 21 天	第 24 天	第 27 天	第 30 天	
3												
4												
5												

（4）绘制蝌蚪生长曲线。

思考题

（1）给蝌蚪喂饲甲状腺制剂，对其生长发育有哪些影响？

（2）应用大剂量甲状腺素时，蝌蚪的发育会有什么变化？

讨论题

人体甲状腺素分泌异常会导致哪些疾病？

实验 12.9　研究垂体激素对蛙卵巢活动的作用

你知道吗?

◆ 促性腺激素由垂体什么部位产生? 它有什么功能?

实验目的

（1）了解垂体的位置、形态结构和产生的激素种类。

（2）观察垂体激素对蛙卵巢活动的作用。

实验原理

腺垂体分泌促性腺激素，促性腺激素能调节雌性机体的卵巢周期性活动。虽然两栖类动物的正常排卵是有季节性的，但也可以通过体外注射垂体激素刺激其排卵。

实验对象

成熟的雌蛙或蟾蜍

药品与器材

垂体提取液、任氏液、2 mL 注射器（2 只）、500 mL 烧杯、小铁丝笼（2 个）。

方法与步骤

（1）取一只成熟的雌蛙（或蟾蜍），用注射器将 1 mL 垂体提取液从其皮下注入腹淋巴囊后，将其放入小铁丝笼内，贴上"实验"标签。

（2）取另一只成熟的雌蛙（或蟾蜍），以相同的方法注入 1 mL 任氏液后放入另一小铁丝笼内，贴上"对照"标签。

（3）放置约 90 min 后，检查两只蛙（或蟾蜍）的泄殖腔内是否有卵子。检查方法是用手握蛙，利用其腹部外翻的压力，使输卵管内少量卵被推出。如果在泄殖腔的开口处没有见到卵子，可以放置一会儿再观察。

注意事项

（1）首先要分辨雌蛙或蟾蜍，其次要选择成熟的动物，否则实验不会成功。

（2）对实验蛙（或蟾蜍）和对照蛙（或蟾蜍）注射药液或任氏液时，注入的部位及容量要相同。

思考题

腺垂体可分泌哪种可以调控性腺功能的激素? 这种激素有什么生理作用?

讨论题

（1）注射垂体提取液后，若排卵现象不明显，其可能的原因有哪些?

（2）试结合实验结果比较腺垂体和神经垂体的功能差异。

第 13 章　探索性实验

生理学是研究正常生物体机能活动过程和规律的科学，探索性生理学实验是指从选题、方案设计、实验准备、技术操作、项目观察、实验结果处理和分析到最后结论等全过程均由学生独立完成的一种开放式教学实验。探索性实验的目的是提高学生的自学能力、动手能力和表达能力，以及在实验中发现问题、分析问题和解决问题的能力，从而培养学生探索、求实、协作的精神，全面提高学生的科研素质。

探索性生理学实验以实验小组为单位（每组 4~5 名学生），小组成员查阅文献并选择自己感兴趣的课题，写出实验设计方案，交指导教师初步审阅修改后再在全班进行开题答辩，实验小组成员回答老师和同学的提问，答辩后针对老师和同学所提的问题进一步完善设计方案，经指导教师审查同意后进行预实验，并完成预实验报告。探索性实验可以让每位同学经历一次"立题→设计→开题→实验→完成报告"的初步科研过程。学生可根据预实验结果，选择部分创新性强的设计方案进行正式实验，最后完成研究论文的写作。在阐述实验原理与设计思想时要交代国内外对该选题的研究动态、存在问题及本实验的假设。若受人力、物力的限制，无法使设计的探索性实验付诸实施，则可对预期结果进行分析、讨论和总结，这样也能起到拓展知识、活跃思维的作用。在完成探索性生理学实验的过程中，小组内各成员应充分讨论、团结协作，以培养学生的团队精神。

13.1　探索性实验的设计要素与设计原则

13.1.1　探索性实验的设计要素

任何一项探索性实验都应包括受试对象、处理因素、观察指标（或效应指标）三个基本要素。

1. 受试对象

受试对象是指接受实验的动物或人，又称实验对象、研究对象或观察对象。受试对象的选择非常重要，它对实验结果有着极其重要的影响。受试对象的选择合适与否，直接关系到实验的成败。如果进行动物实验，对实验动物的基本要求是容易获得，对拟施加的处理因素反应灵敏且稳定，尽可能近似于人，并且经济可行。特殊要求是受试对象要健康合格，种属一致，品系相同，年龄、窝别、体重差别不大，性别要求雌雄各半。

2. 处理因素

为了不同的研究目的，加给实验对象的物理的、化学的或生物的各种条件被称为处理因素。由于因素很多且同一因素具有不同水平，因此处理因素具有多样性，在实验设计时有单因素和多因素之分。一次只观察一个因素的效应的实验称为单因素实验，一次同时观察多种因素的效应的实验称为多因素实验。一次实验的处理因素不宜过多，否则会使分组过多，方法繁杂，受试对象增多，实验时难以控制。而处理因素过少又难以提高实验的广度、深度及效率，同时所需时间较长，费用也高。因此需根据研究目的确定几个主要的、关键性的因素。处理因素在整个实验过程中应保持不变（即应标准化），否则会影响对实验结果的评价。例如，对于电刺激的强度（如电压、持续时间、频率等）、药物质量（如来源、成分、纯度、生产厂家、批号、配制方法等）、仪器的参数等因素，应在实验前做统一规定，并在实验过程中严格按照这一规定实施，这样研究结果才有可比性，才能最终得出可信的结论。

3. 观察指标

处理因素作用于受试对象所显现的结果称为效应。实验效应主要指选用什么样的指标来表达处理因素对受试对象所产生的各种影响（有、无、大、小等）。这些指标包括计数指标（定性指标）和计量指标（定量指标），主观指标和客观指标等。指标的选择应符合以下原则。

（1）特异性

特异性即观察指标应能特异性地反映某一特定的现象，而不与其他现象混淆。

（2）客观性

客观性即所观察的指标应避免因受主观因素干扰而使实验结果产生较大误差，最好选用易于量化的、经过仪器测量和检验可获得的指标。

（3）重现性

重现性即在相同条件下，指标可以重复出现。为提高重现性，须注意仪器的稳定性，减少操作的误差，控制动物的功能状态和实验环境条件。

（4）精确度

精确度包括精密度与准确度。精密度指重复观察时各观察值与其平均值的接近程度，其差值属于随机误差。准确度指观察值与其真实值的接近程度，主要受系统误差影响。实验指标要求既精密又准确。

（5）灵敏度

灵敏度高的指标能使处理因素引起的微小效应显示出来。灵敏度低的指标会使本应出现的变化不易出现，造成"假阴性"的结果。指标的灵敏度受测试技术、测量方法、仪器精密度等的影响。

（6）可行性和认可性

可行性是指研究者的技术水平和实验室设备的实际条件能够完成相关实验指标的测定。认可性是指经典的（公认的）实验测定方法必须有文献依据。自己创立的指标测定方法必须与经典方法做系统比较并有优越性，方可获得学术界的认可。

此外，在选择指标时，还应注意以下关系：客观指标优于主观指标；计量指标优于计数指标；变异小的指标优于变异大的指标；动态指标优于静态指标，如体温、体内激素水平等。可按时、日、年龄等进行动态观察，所选的指标要便于统计分析。

13.1.2 探索性实验的设计原则

1. 对照原则

在确定接受处理因素的实验组时，应同时设立对照组。因为只有正确地设立对照，才能平衡非处理因素对实验结果的影响，从而把处理因素的效应充分暴露出来。设立对照应满足"均衡性"原则，这样才能显示"对照"的作用。"均衡性"是指在设立对照时除给予的处理因素不同外，其他对实验效应有影响的因素（非处理因素）尽量均衡一致。例如，研究用新方法测定血浆的 pH 值时，要求受试者的健康状况相同，采集标本的时间与方法一致，不同的只是一组用新方法，另一组用原方法，这样的测定结果才可以进行比较。

根据实验研究目的和要求的不同，可选用不同的对照形式。

（1）空白对照

空白对照又称正常对照，即在不加任何处理的空白条件下给予动物安慰剂及安慰措施进行观察对照。在动物实验中常采用空白对照以评定测量方法的准确度，以及观察实验是否处于正常状态。例如，在缺氧实验中观察温度对小白鼠的影响时，对照组在室温情况下进行，实验组（另两只）分别在高温和低温的烧瓶中进行。

（2）实验对照组

实验对照组又称假处理对照，是指在某种有关的实验条件下进行的观察对照。动物经过相同的麻醉、注射，甚至进行假手术，做切开和分离等，但不用药或不进行关键处理，以此作为手术对照，以排除手术本身的影响。例如，胰岛素致低血糖效应实验中，可设立实验对照组，即小鼠腹腔只注射酸性生理盐水；实验组小鼠注射胰岛素溶液，观察胰岛素致低血糖效应。

（3）标准对照

标准对照指用标准值或正常值作为对照。例如，心率指标和脉搏的对比，就可以用正常值 72 次/min 作为对照。

（4）自身对照

自身对照是指将同一受试对象实验后的结果与实验前的资料进行比较。例如，用药前与用药后的对比；几种药物治疗某种疾病时，比较这几种药物的效果；同一种药物的不同剂量治疗效果的比较。

（5）相互对照

相互对照又称组间对照，指不专门设立对照组，而是几个实验组、几种处理方法之间互为对照。例如，几种药物治疗某种疾病时，可观察几种药物的疗效，各给药组间互为对照。

2. 重复原则

重复是保证科研成果可靠的重要举措之一。重复有两层含义，一是指实验过程是多次重复进行的，这一点与实验的样本大小有关，样本大则重复的机会多，样本小则重复的机会少；二是按设计中提出的方法，其他实验者也能重复进行。

3. 随机原则

随机原则是指用随机的方式处理受试对象，使每个对象分到实验组与对照组的机会均等，这是实验设计的一项重要原则。随机化是保证非处理因素均衡的另一项重要手段，能使不可控的因素（如动物体重、年龄和体质等）在实验组与对照组中的影响较为均匀。随机不等于随便，也就是说不能由受试者自己选择，也不能由研究者主观决定，而是通过随机化的分组程序，保证实验各组动物的情况达到比较"均衡"的状态。

13.2　探索性生理学实验的基本程序

13.2.1　选题的一般过程

1. 原始想法或问题的提出

根据已有的生物学基本理论与实践知识，对一些理论或现象萌发新的想法或问题；或者在一些基础性实验过程中对已有的实验方法、实验思路等提出一些不同的看法；或者对现行的实验指标或标准数值进行核实，重复前人的实验。总之，问题的提出是进行科学研究的第一步，有了想法或问题之后，并不能马上实施，还需要论证想法或问题的可行性和创造性等。

2. 查阅文献和形成假说

有了原始想法或问题并不代表有了科研的题目，还需要查阅文献。文献主要有教科书、专著和杂志等。查阅与题目相关的文献可以帮助自己了解此题目的背景，在此基础上对原始想法或问题形成更明确的假设。

3. 确立实验题目

假设是指对科学中某一领域提出的某一问题，预先给出未证实或未完全证实的答案和解释。假设形成以后再对内容进行高度的概括就形成了明确的实验题目，实验题目一般应包括三个部分：受试对象（或调查对象）、处理因素（施加的因素）和实验效应（观察指标）。

13.2.2　选题的一般原则

选题一般需要遵循以下几条原则。

1. 目的性

目的性是指明确、具体地提出通过实验需要解决的问题。选题必须具有明确的理论或实践意义。题目要求简练，内容不宜繁杂。一个实验只需解决1~2个主要问题。

2. 创新性

科学研究是创新性工作，所研究的问题必须是别人没有研究过的，或虽有人研究过但是还未得出结论的。因此，必须检索国内外相关资料，在选题时就要考虑通过实验研究能否提出新规律、新见解、新技术、新方法，或是能否对原有的规律、技术或方法进行修改和补充。

3. 科学性

科学性是指选题必须以其研究概况和科学实际为依据，这也是课题设想的事实基础与理论基础。研究概况是指本课题领域的国内外研究情况、目前水平及发展趋势，这是选题的事实基础。科学实际主要从理论上阐明选题的必要性与科学性，以及已有的研究结论和相关策略，是选题的理论基础。

4. 可行性

选题应切合实验者的知识水平、技术水平，实验者具有进行该课题研究所需要的实验条件；所观察的指标应明确可靠，易观察、易客观记录；得出的结果重复性好，结论能说明问题，实验能顺利实施。

13.2.3 实验方案的制订

实验者必须根据实验研究的目的、预期结果，结合专业和统计学的要求，对所设计实验的具体内容和方法做出周密完整的计划安排，使实验过程有所依据，提高实验研究的质量。

1. 专业设计

专业设计是对选题的专业思路、技术路线与方法的确定。要将选题思想转化为具体的研究目标和围绕目标所展开的研究内容，应制订具体的研究方案，选择合适的方法、技术和指标，提出总体的工作流程。

（1）研究目标与内容

研究目标包括阶段目标和最终目标，即该项研究工作的段落和终点。因此，在此项中应着重说明这一研究课题最后要解决一个什么样的问题，以及为了解决这个问题，研究将分为几个步骤，每个步骤需要做些什么，拟从何处入手，重点研究哪个方面，主攻方向是什么，到达哪一步或什么程度算实验完成，将出现什么样的预期效果等。

（2）研究方法

研究方法是科研设计的核心部分之一，其全部内容都旨在说明"如何进行具体的研究"，因此这一项实际上就是通常所说的实验设计。实验设计要为验证假设选择一种最佳方案，以较少的人力、物力和时间，换取最大的科研成果。在正确的实验设计指导下，可使实验误差减小到最低限度，获得更多的数据资料，以保证实验结果的可靠性。

实验设计方案的类型有多种，哪一种最合适主要取决于研究的内容与目的。不论采用哪一种方案，均应重点说明受试对象的种类、选用标准、抽样方法、样本含量、对照分组，处理因素的性质、质量、强度、施加方法，效应观察的项目或指标、检测方法、判断标准，数据资料的收集方法和统计学处理方法，以及实验过程中制定的操作规程和记录要求等。

（3）计划进度指标

本项内容要求说明两个问题：① 完成整个课题研究所需要的时间；② 几项主要工作的具体进度计划（各研究阶段所要达到的目标和时间安排）。制订这种指标有利于研究组每个成员按计划工作，确保课题如期完成。

2. 统计学设计

统计学设计对专业设计的合理性与实验结果的可靠性起重要的保证作用，是控制误差、提高实验有效性的关键。统计学设计应考虑设立何种对照，选择多少受试对象，怎样做到随机化分组，计划收集哪些资料，如何对原始资料进行分析和整理等。

13.2.4　预实验

在实验设计和答辩完成后，应对实验进行预试，以便检查实验的各项准备工作是否完善，实验方法和步骤是否可行，测定指标是否稳定可靠，初步了解实验结果与预期结果的差距，从而为正式的实验提供补充、修正的经验。预实验是科学研究不可缺少的重要环节。

13.2.5　实验的实施和原始数据的收集

（1）实验开始前，掌握仪器的使用方法，对部分仪器进行定标、校正及使用前的调试。仔细标明实验中所使用材料的用途和组别编号等，避免不必要的混乱。

（2）观察和记录在科学实验中具有十分重要的地位。设计好原始数据记录的方式后，必须及时、完整、正确记录，实验记录应整洁，严禁涂改。

原始数据不管用什么方式记录，都必须写明实验题目、实验对象、实验方法、实验条件、实验者、实验日期，以及观察到的结果和数据。规定填写的项目要及时、完整、正确，图形、图片一定要整理存档。

13.2.6　报告和论文的撰写

完成实验后应对实验数据进行整理和统计学处理，并采用适当的方式（文字描述和图表）表述结果，然后分析、讨论其生物学意义，得出相应结论。

实验研究论文的书写与一般的实验报告有所不同，要求以正式论文的格式书写。具体要求如下。

① 研究题目：要求反映研究课题的基本要素，不要超过 25 个字。

② 作者：按贡献大小进行排名，并注明所在班级与指导教师姓名。

③ 摘要：按照目的、方法、结果、结论 4 个部分进行描述，要求有重要的数据，能概括全文的主要内容与观点，字数在 300 字以内。

④ 前言：简要说明相关领域的研究概况和本研究的理论与宗旨。

⑤ 材料与方法：包括动物、药品、仪器、实验分组、实验模型、实验过程、观察指数、数据处理等。

⑥ 结果：用文字及图表来表示。

⑦ 结论与讨论：根据结果并结合有关理论和文献资料进行分析与讨论，得出结论。

⑧ 参考文献：只列重要的文献，注明作者、标题、文献形式、出版社、出版时间、卷、期、起止页码等。

13.3　探索性实验选题参考

（1）坐骨神经-腓肠肌标本可以进行哪些实验研究？试设计实验内容。

（2）试设计一个新的、更简便的制作坐骨神经-腓肠肌标本的方法。

（3）试自行设计制作较长神经干的方法。

（4）试自行设计新的实验，说明骨骼肌的生理特性。

（5）试设计实验，观察不同动物单收缩时程的区别，并说明其生理意义。

（6）试设计实验，观察刺激腓肠肌与刺激支配腓肠肌的神经不应期有何不同。

（7）试设计实验，观察不同动物腓肠肌标本的临界融合刺激频率有何区别。

（8）试设计实验，观察并记录刺激标记、神经兴奋、肌电与肌肉收缩的时相关系。

（9）试设计实验，观察不同离子或药物对骨骼肌收缩的影响。

（10）试设计实验，观察葡萄糖、ATP 对骨骼肌收缩性的影响。

（11）试设计实验，观察温度、高 K^+ 浓度、低 Na^+ 浓度对神经动作电位幅度和传导速度的影响。

（12）试设计实验，证明神经末梢是通过释放递质对效应器发挥作用的。

（13）试设计实验，证明神经静息电位与 K^+ 的关系。

（14）试设计实验，证明神经动作电位与 Na^+ 的关系。

（15）试设计实验，观察其他神经干或神经纤维的传导速度。

（16）试设计实验，观察普鲁卡因对不同神经干传导速度的影响。

（17）试设计实验，证明不同部位心肌的自动节律性不同。

（18）试设计实验，证明心肌的绝对不应期比骨骼肌的绝对不应期长得多。

（19）试设计实验，观察不同高频脉冲连续刺激对心肌活动的影响。

（20）试设计一个新的、更简单的离体心脏插管方法。

（21）试设计一个用于了解某种药物对心房肌收缩力与节律影响的实验。

（22）试设计实验，利用蛙离体心脏研究影响心输出量的各种因素。

（23）试设计实验，观察人体不同情绪及思维状态对血压的影响。

（24）试设计实验，观察人体温度、体位、呼吸、运动等对血压的影响。

（25）试设计实验，观察某一因素对动脉血压有何影响，并分析其主要影响因素是收缩压还是舒张压。

（26）试设计实验，在观察血压变化的同时观察主动脉神经放电、呼吸及机体其他生理指标的变化。

（27）设计一个能够更清楚地观察微循环的实验。

（28）试设计实验，观察药物对微循环的影响。

（29）根据白细胞变形运动与吞噬功能的原理，试设计用其他动物的血液观察白细胞变形运动与吞噬功能的实验。

（30）试设计实验，证明哺乳动物胸膜腔内压为负压。

（31）试设计 1~2 项实验，研究影响呼吸运动的因素。

（32）试设计记录呼吸运动的新方法的实验。

（33）试设计其他测量呼吸通气量的实验。

（34）试设计实验，在观察呼吸量的同时观察其他生理指标（如心电、指脉、呼吸运动等）的变化。

（35）试设计一个可以同时记录动物血压、心电与呼吸运动的实验。

（36）试设计实验，观察动物在不同状态下（如安静或运动后）耗氧量的变化。

（37）试设计其他测定小动物的耗氧量的实验。

（38）试设计实验，观察某一因素对小肠平滑肌的收缩特性有何影响。

（39）试设计实验，观察腹泻或止泻药物对离体肠段平滑肌的影响。

（40）试设计实验，分析哪些体液因素会对肠平滑肌产生影响。

（41）试设计实验，观察某一因素对胃运动、胃酸分泌的影响，分析其作用机制（是通过神经机制还是通过体液机制）。

（42）试设计实验，研究人体生成尿的成分和体积。

（43）将脊椎动物的另一侧后肢夹住，可见其原有的屈反射被抑制，为什么？与中枢抑制试验的结果有何不同？试设计实验说明。

（44）仿照家鸽去大脑、小脑的实验方法设计实验，了解其他动物大脑和小脑的正常功能。

（45）试自行设计建立人体条件反射的实验。

（46）试设计简易的实验方法，通过观察眼震进一步了解其他前庭器官的功能是否正常。

（47）试设计实验，研究胰岛素调节血糖的机制，分析有哪些组织器官参与血糖调节。

（48）试设计实验，观察某些药物对甲状腺素作用的影响。

（49）试设计实验，探讨甲状腺素影响代谢的机制。

（50）试设计实验，观察哪些因素参与血钙平衡的调节。

（51）试设计实验，观察甲状腺素通过何种途径调节血液中 Ca^{2+} 的浓度。

（52）试设计一个能观察到鲫鱼颜色发生改变的水温环境，并分析鲫鱼颜色发生改变的机理与意义。

（53）试设计一个能改变蟾蜍或鱼皮肤颜色的生活环境的实验。

（54）试设计实验，观察蝌蚪的变态过程是否由自身内源的甲状腺素控制，并分析哪些因素可以调控蝌蚪的形态变化。

（55）试设计一些实验，观察甲状腺素在哺乳动物中的作用。

（56）试设计实验，证明下丘脑-腺垂体-肾上腺皮质轴参与应激反应。

（57）试设计实验，研究盐皮质激素对水盐代谢的调节机制。

（58）试设计实验，观察哪些理化因素可影响两栖动物的排卵。

（59）试设计实验，观察大鼠或小鼠垂体对精巢内精子发育的影响。

（60）试设计实验，观察促性腺激素对小鼠排卵的影响。

（61）试设计实验，观察某激素或药物对子宫平滑肌的作用。

（62）根据妊娠检查的原理，试设计其他方法来诊断早期妊娠。

（63）除人绒毛膜促性腺激素（hCG）外，可否用其他指标来设计实验，进行妊娠检查？

（64）试设计实验，人工诱导大鼠（或小鼠）的动情周期。

（65）除阴道涂片外，还可用什么指标来判断动物的动情周期？试以实验证明。

参考文献

［1］解景田，刘燕强，崔庚寅．生理学实验［M］．4版．北京：高等教育出版社，2016.

［2］崔庚寅，解景田．生理学实验释疑解难［M］．北京：科学出版社，2007.

［3］甫拉提·吐尔逊，向阳，王晓梅．生理学实验［M］．武汉：华中科技大学出版社，2012.

［4］李光华．人体生理学实验指导［M］．北京：科学出版社，2013.

［5］黄诗笺，卢欣，杜润蕾．动物生物学实验指导［M］．4版．北京：高等教育出版社，2020.

［6］许崇任，程红．动物生物学［M］．3版．北京：高等教育出版社，2020.

［7］姚泰．生理学［M］．6版．北京：人民卫生出版社，2003.

［8］刘凌云，郑光美．普通动物学［M］．4版．北京：高等教育出版社，2009.

［9］刘凌云，郑光美．普通动物学实验指导［M］．3版．北京：高等教育出版社，2018.

［10］韩济生．神经科学纲要［M］．北京：北京医科大学中国协和医科大学联合出版社，1993.

［11］解景田，赵静．生理学实验［M］．2版．北京：科学出版社，2002.

［12］许邵芬．神经生物学［M］．2版．上海：上海医科大学出版社，1999.

［13］李永才．动物生理及比较生理实验［M］．北京：高等教育出版社，1989.

［14］艾洪滨．人体解剖生理学实验教程［M］．3版．北京：科学出版社，2014.

［15］李元建．药理学［M］．北京：高等教育出版社，2008.

附　录

调零与定标

附录一　BL-420 生物信号采集与处理系统

一、BL-420 生物信号采集与处理系统的组成与工作原理

BL-420 生物信号采集与处理系统由成都泰盟软件有限公司开发，它是配置在计算机上的具有采集、放大、显示、记录与处理生物信号功能的系统，主要由 IBM 兼容微机、BL-420 系统硬件、BL-420E$^+$ 生物信号显示与处理软件 3 个部分构成，如附图 1 所示。

附图 1　BL-420 生物信号采集与处理系统

BL-420 生物信号采集与处理系统的基本原理：首先将原始的生物机能信号（包括生物电信号和通过传感器引入的生物非电信号）放大（有些生物电信号非常微弱，比如降压神经放电，其信号为微伏级信号，如果不进行信号的前置放大，根本无法观察到）、滤波（由于生物信号中夹杂众多声、光、电等干扰信号，比如电网的 50 Hz 信号，这些干扰信号的幅度往往比生物电信号本身的强度还要大，如果不将这些干扰信号滤除，那么有用的生物机能信号可能无法观察到）等处理，然后通过模数转换将处理后的信号数字化，并将数字化后的生物机能信号传输到计算机内部。计算机则通过专用的生物机能实验系统软件接收从生物信号放大、采集卡传入的数字信号，并对收到的这些信号进行实时处理，如生物机能波形显示、生物机能信号存储等。此外，它会根据使用者的命令对数据进行处理和分析，比如平滑滤波、微积分、频谱分析等。对于存储在计算机内部的实验数据，生物机能实验系统软件可以随时将其调出进行观

察和分析，还可以打印重要的实验波形和分析数据。BL-420 生物信号采集与处理系统的工作原理如附图 2 所示。

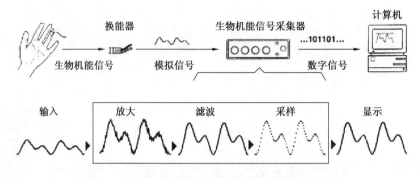

附图 2　BL-420 生物信号采集与处理系统的工作原理

二、BL-420E⁺生物信号显示与处理软件的常用功能

（一）主界面

BL-420E⁺生物信号显示与处理软件的主界面如附图 3 所示，主界面上各部分功能清单见附表 1。

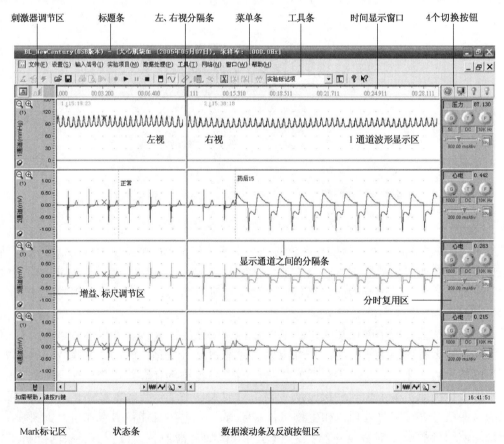

附图 3　BL-420E⁺生物信号显示与处理软件的主界面

附表 1　BL-420E$^+$生物信号显示与处理软件主界面上各部分功能清单

名称	功能	备注
刺激器调节区	调节刺激器参数及启动、停止刺激	包括两个按钮
标题条	显示软件名称及实验标题等相关信息	
菜单条	显示软件中所有的顶层菜单项，用户可以选择其中的某一菜单项以弹出其子菜单。最底层的菜单项代表一条命令	菜单条中一共有 9 个顶层菜单项
工具条	一些最常用命令的图形表示集合，它使常用命令的使用变得方便与直观	其中包含下拉式按钮
左、右视分隔条	分隔和调节左、右视大小	左、右视面积之和相等
时间显示窗口	显示记录数据的时间	数据记录和反演时间显示
4 个切换按钮	在 4 个分时复用区之间进行切换	
标尺调节区	选择标尺单位及调节标尺基线位置等	
波形显示窗口	显示生物信号的原始波形或处理后的波形，每一个显示窗口对应一个实验采样通道	
显示通道之间的分隔条	分隔不同的波形显示通道，也是波形显示通道高度的调节器	4 个显示通道的面积之和相等
分时复用区	包含硬件参数调节区、显示参数调节区、通用信息区及专用信息区 4 个分时复用区域	这些区域占据屏幕右边相同的区域
Mark 标记区	存放 Mark 标记和选择 Mark 标记	Mark 标记在光标测量时使用
状态条	显示当前系统命令的执行状态或一些提示信息	
数据滚动条及反演按钮区	实时实验和反演时快速查找数据和定位，同时调节 4 个通道的扫描速度	实时实验中显示简单刺激器调节参数（右视）

（二）生物信号波形显示窗口

附图 4 所示为一个通道的波形显示窗口，其中包含标尺基线、波形显示和背景标尺格线三部分，附表 2 中列出了波形显示窗口中各部分的功能。

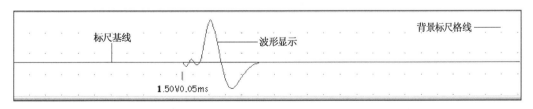

附图 4　BL-420E$^+$软件生物信号波形显示窗口

附表2 生物信号波形显示窗口各部分功能一览表

名称	功能	备注
标尺基线	生物信号的参考零点，其上为正，其下为负	
波形显示	显示采集到的生物信号波形或处理后的结果波形	
背景标尺格线	波形幅度大小和时间长短的参考刻度线或点	其类型和颜色可选

1. 与显示通道相关的快捷功能菜单

有一个上下文相关的快捷功能菜单与通道显示窗口相连，在通道窗口上右击时，BL-420E[+]软件会完成两项任务：一是结束所有正在进行的选择操作和测量操作，包括两点测量、区间测量、细胞放电数测量及心肌细胞动作电位测量等；二是弹出快捷功能菜单，如附图5所示。这个快捷功能菜单中包含的命令大部分与通道相关，如果需要对某个通道进行操作，直接在该通道的显示窗口上右击弹出与该通道相关的快捷菜单即可。

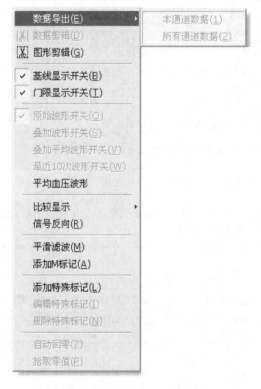

附图5 与通道相关的快捷菜单

2. 区域选择

所谓区域选择是指在一个或多个通道显示窗口中选择一块区域，并且该区域以反色方式显示。区域选择之所以重要，是因为有很多功能与其相关，包括显示窗口快捷菜单中的数据剪辑和数据导出功能。另外，在进行区域选择的同时，BL-420E[+]软件内部完成了选择区域参数测量（与区间测量相似，但不完全相同）和选择区域图形复制等操作。

有两种不同的区域选择方法：一是只在一个通道显示窗口中进行区域选择，如附图 6 所示；二是同时选择所有通道显示窗口中相同时间段的一块区域，如附图 7 所示。

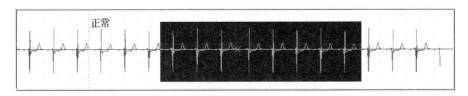

附图 6 　在一个通道显示窗口中进行区域选择

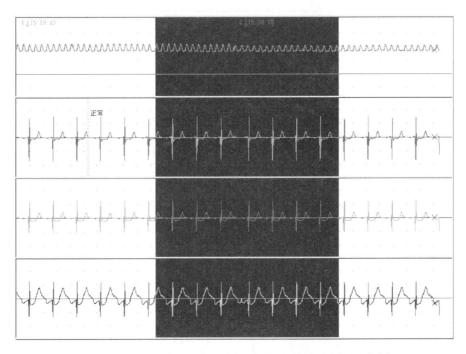

附图 7 　对多个通道显示窗口中相同时间段的区域进行区域选择

3. 基线显示开关

该命令用于打开或关闭标尺基线（参考 0 刻度线）显示。

4. 门限显示开关

该命令用于打开或关闭频率直方图或序列密度直方图中选择分析数据范围的上、下门限的显示。

5. 原始波形开关

该命令用于打开或关闭原始波形，只在刺激触发方式下有效。在刺激触发方式下，如果想在波形显示通道上显示叠加波形或叠加平均波形，就可以通过这个命令关闭原始波形，使屏幕变清爽。

6. 叠加波形开关

该命令用于打开或关闭在刺激触发方式下得到的波形曲线的叠加波形显示，只在刺激触发方式下有效。刺激触发的叠加波形以金黄色显示。当显示叠加波形时，在通道显示窗口的右上角将显示到目前为止刺激触发的总次数，也就是叠加次数，如附图 8 所示。

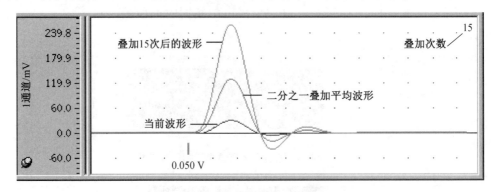

附图 8　刺激触发方式下的叠加波形

7. 最近 10 次波形开关

该命令用于打开或关闭最近 10 次刺激触发波形的显示，只在刺激触发方式下有效，这有助于对前后波形进行比较。在同时显示的 10 次波形中，最上面的波形是时间最近的一条波形曲线，越往下波形时间越远，每两条波形之间相隔的距离在 0~25 个像素点之间可调，如果将距离设置为 0，那么每条线的基线重合，如附图 9 所示。

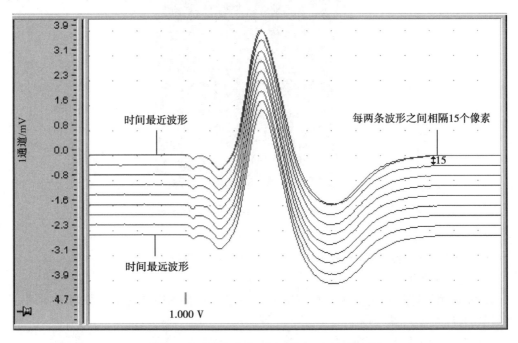

附图 9　刺激触发方式下最近的 10 次波形显示

8. 比较显示

该命令用于打开或关闭通道的比较显示方式，它有一个包含 3 个命令项的子菜单，如附图 10 所示。

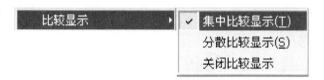

附图 10　比较显示命令子菜单

比较显示方式是指将所有通道波形共同显示在 1 通道的波形显示窗口中进行比较，包括"集中比较显示"和"分散比较显示"两种方式。

集中比较显示是指所有通道波形使用相同的参考基线进行显示，如附图 11 所示，这个功能在进行神经干动作电位传导速度的测定实验中非常有用。分散比较显式是指参加比较显示的通道波形使用分离的参考基线，从上到下分开显示比较波形。

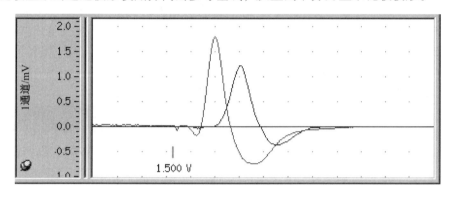

附图 11　对 1、2 通道的动作电位进行比较显示

9. 信号反向

该命令用于将选择通道的波形曲线进行反向显示。

10. 平滑滤波

该命令用于对选择通道的显示波形进行平滑滤波。

11. 添加 M 标记

该命令用于将 Mark 标记添加到测量光标所指的波形位置上，如附图 12 所示。测量光标是在波形曲线上运动的一个标记，其形状可以通过"设置"下拉列表中的"光标类型"菜单命令进行设置。

当测量光标在波形曲线上随鼠标的移动而移动时，它所在位置波形曲线的当前值被测定出来并显示在参数控制区的右上角，所以当测量光标单独移动时，它只能测量波形曲线上的当前值。如果配合 Mark 标记，那么当测量光标移动时，测量的就是 Mark 标记和测量光标之间的波形幅度差值和时间差值，相当于简单的两点测量。

Mark 标记可以被鼠标拖动到显示窗口的任何位置，但是将 Mark 标记精确定位在波形的某个特征点上并不容易，而将测量光标定位在波形的任何一个特征点上则相对较容易，所以先使用测量光标定位波形曲线上的特征点，然后选择快捷菜单上的"添加 M 标记"命令，就可以把 Mark 标记添加到测量光标指定的特征点上。

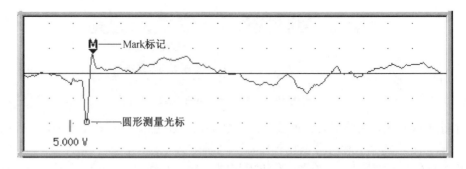

附图12　**Mark** 标记和圆形测量光标

12. 添加特殊标记

该命令只适用于数据反演。它用于在反演波形的指定位置添加一个特殊实验标记。当在某一个实验通道的空白处（这里所指的空白处是与其他特殊实验标记相隔一定距离的地方）右击选择该命令时，将弹出"特殊标记编辑对话框"，输入特殊实验标记内容，如附图13所示，然后单击"确定"按钮，就可以将该特殊实验标记添加在用户单击鼠标右键的地方；如果单击"取消"按钮，那么此次添加无效。

13. 编辑特殊标记

该命令只适用于数据反演。它用于在反演过程中编辑一个已有的特殊实验标记。当在一个实验通道中某一个已显示的特殊实验标记附近右击时，弹出的窗口快捷菜单中该命令有效，选择该命令，将弹出"特殊标记编辑对话框"，如附图13所示。在这个对话框的编辑框中修改原有的特殊实验标记内容，然后单击"确定"按钮，编辑后的结果生效；如果按下"取消"按钮，那么此次编辑无效。

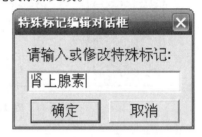

附图13　特殊标记编辑对话框

14. 删除特殊标记

该命令只适用于数据反演。它用于在反演过程中删除一个已有的特殊实验标记。当在一个实验通道中某一个已显示的特殊实验标记附近右击时，弹出的窗口快捷菜单中该命令有效，选择该命令，将弹出删除特殊实验标记确认框，如附图14所示，单击"是（Y）"按

附图14　删除特殊实验标记确认框

钮，该特殊标记被删除；如果单击"否（N）"按钮，那么此次删除无效。

15. 自动回零

自动回零功能可以使因输入饱和而偏离基线的信号迅速回到基线上。如果在BL-420系统的信号输入接口给予一个很大的输入信号，就会引起该通道放大器信号饱和，具体表现为输入的信号远离基线，这主要是放大器中的电容充入过饱和的电量引起的。如果不执行该命令，这种零点漂移持续数秒钟后就会自动消失，选择该命令可以立刻消除放大器的零点漂移。

16. 拾取零值

拾取零值功能是指将当前信号线的位置作为参考零值。当某种原因（如传感器的温度漂移）导致本身已调零的直流信号发生偏移（如接上压力换能器，在没有加压的情况下调节好零点，三天后，由于温度变化造成零点漂移，如附图 15 所示）时，只需简单地选择"拾取零值"这个功能即可消除传感器的零点漂移。在做心肌细胞动作电位实验时，极化电位的存在会导致出现较大的直流偏移，这时拾取零值功能可以解决这个问题。

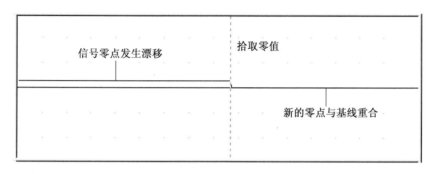

附图 15　拾取零值

（三）数据提取

数据提取（数据共享）是指从记录的原始实验数据中以某种形式（如图形、BL-420 格式数据、通用文本格式数据等）提取出有用的或感兴趣的某一段或多段数据，并将其存储为其他格式文件或插入其他应用程序（如 Word、Excel）中。在 BL-420 生物信号采集与处理系统中，数据提取中最常用的为图形剪辑。

1. 图形剪辑

图形剪辑是指先将从通道显示窗口中选择的一段波形和从这段波形中测出的数据一起以图形的方式发送到 Windows 操作系统的一个公共数据区内，然后将这块图形粘贴到 BL-420E$^+$软件的剪辑窗口中或任何可以显示图形的 Windows 应用软件（如 Word、Excel、画图）中，粘贴方法是选择这些软件"编辑"菜单中的"粘贴"命令。

图形剪辑的目的有两个，一是实现不同软件之间的数据共享，例如，在使用 Word 文字处理软件书写的论文中加入实验波形，可以使用 BL-420 系统的图形剪辑功能；二是将感兴趣的多幅波形图剪辑在一起，形成一张拼接图形，此时可以在 BL-420 生物信号采集与处理系统的剪辑窗口或 Windows 的画图软件中完成图形的拼接工作，然后打印。

图形剪辑的操作步骤如下：

（1）在实时实验过程或数据反演中，单击"暂停"按钮使实验处于暂停状态，此时，工具条上的图形剪辑按钮 处于激活状态，单击该按钮可使系统处于图形剪辑状态。

（2）对感兴趣的一段波形进行区域选择，可以只选择一个通道的图形或同时选择多个通道的图形，参见前文关于"区域选择"的描述。

（3）进行区域选择以后，图形剪辑窗口就会出现，上一次选择的图形会自动粘贴到图形剪辑窗口中，如附图16所示。

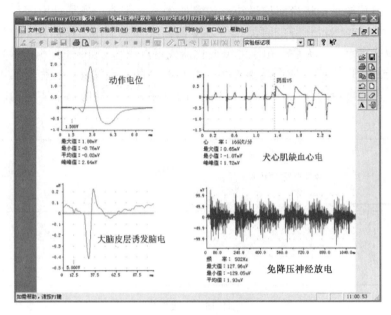

附图16　图形剪辑窗口

（4）选择图形剪辑窗口右边工具条上的"退出"按钮 可退出图形剪辑窗口。

（5）重复步骤（1）～（4）剪辑其他波形段的图形，然后拼接成一幅新图形，可以打印或存盘，也可以将这张新图形复制到其他应用程序（如 Word、Excel）中。

2. 图形剪辑窗口

进入图形剪辑窗口的方法有两种：一是执行图形剪辑操作后自动进入；二是选择工具条上的"进入图形剪辑窗口"命令按钮 或选择"窗口"菜单上的"图形剪辑窗口"命令。退出图形剪辑窗口只能选择图形剪辑工具条上的"退出"命令按钮 。

图形剪辑窗口分为图形剪辑页和图形剪辑工具条两部分。图形剪辑页在图形剪辑窗口的左边，占图形剪辑窗口的大部分空间，主要用于拼接和修改从原始数据通道剪辑的波形图，剪辑的图形只能在剪辑页的白色区域内移动。图形剪辑工具条在图形剪辑窗口的右边，包含 12 个与图形剪辑相关的命令按钮，分别是打开、存储、打印、打印预览、复制、粘贴、撤消、刷新、选择、擦除、写字和退出。

需要注意的是，刚打开图形剪辑窗口时，图形剪辑工具条上的命令按钮处于不可用的灰色状态，只需在图形剪辑页的任意位置单击鼠标左键，命令按钮就可以使用了。

（1） 打开已存储的位图文件（BMP 文件）

这个命令与通用工具条上的打开文件命令类似，但其打开的文件类型却不同。

选择该命令将弹出"打开"对话框，该对话框只显示以 BMP 为后缀名的文件。BMP 文件为 Windows 通用的位图文件类型，这种格式的文件不仅可以在 BL-420E⁺软件的图形剪辑窗口中打开，也可以在通用的 Windows 绘图软件（如画图）中打开。

（2） 另存为

它与"文件"菜单中的"另存为"命令相似，但是在图形剪辑窗口中选择这个命令可以把图形剪辑页中的当前图形存储到文件中保存，需要时还可以在图形剪辑页中重新打开这个文件，或在 Windows 的其他应用软件中打开或插入这个图形。

（3）打印当前剪辑页

它与"文件"菜单中的"打印"命令功能相似，可以打印当前剪辑页中的图形。

（4）打印预览

它与"文件"菜单中的"打印预览"命令功能相似，用于显示图形剪辑页中图形的打印预览波形。

（5）复制选择图形

在没有选择图形剪辑页上任何一块图形区域的情况下，该功能不可使用，当使用图形剪辑工具条上的"选择并移动"命令，从图形剪辑页上选择一块图形区域时，该命令变得可用。

该命令可将选择的一块图形区域复制到剪辑板中，选择图形剪辑页中的"粘贴"功能可将复制的图形再一次放入图形剪辑页中，也可以在任意 Windows 应用程序（如 Word、Excel）中选择"粘贴"命令，将选择的图形插入这些应用程序中以实现 Windows 中数据共享的强大功能。

（6）粘贴选择区域

该命令可以将 Window 公共数据存储区——剪辑板中的数据插入图形剪辑页中，也可以将 Windows 剪辑板中的图形粘贴到图形剪辑页的左上角。

（7）撤消上一步操作

如果使用了图形剪辑工具条上的"粘贴""刷新""选择并移动""擦字""写字"等功能，就可能改变剪辑页上原来的图形显示，但改变显示的操作可能不是操作者希望的，比如误操作带来的剪辑页改变。当发生这种误操作，改变剪辑页显示时，就可以通过"撤消"命令来取消上一次的操作，使剪辑页恢复原来的显示。

（8）刷新整个剪辑页

使用该命令可以清空整个剪辑页，即将剪辑页上所有图形全部擦掉，只留下一张空白的剪辑页。还可以通过"撤消"命令取消上一次的"刷新"操作。

（9）选择并移动

使用该命令可以在图形剪辑页上选择一块区域，然后复制它或将其移动到图形剪辑页的其他位置。

选择该命令后，在剪辑页中移动的鼠标将变为中空的"十"字形，移动鼠标到需要选择区域的左上角并按住鼠标左键不放，移动鼠标选择区域的右下角，此时有一个虚线方框随着鼠标的移动而移动，虚线方框代表选择的区域，如附图 17 所示。选择好区域后松开鼠标左键即可完成图形剪辑页的区域选择。此时，图形剪辑条上的"复制"功能变得可用。如果将鼠标移动到选择区域上，鼠标将变为手形，表明可以移动这块选择的区域。在剪辑页中，刚粘贴的或刚选择的区域都是可以移动的。

（10）擦除选择区域

选择该命令后，在剪辑页中移动的鼠标将变为中空的"十"字形，使用与"选择并移动"命令相同的方法选择需要擦除的区域，松开鼠标左键即可擦除选择的区域。

（11） **A** 写字

选择该命令可以在图形剪辑页上写字，如为某个图形加注释。选择该命令后，在剪辑页中移动的鼠标将变为中空的"十"字形，使用与"选择并移动"命令相同的方法选择写字区域，松开鼠标左键就会出现一个矩形的写字区域，有一个文本光标在写字区域内闪烁，它指定写字的位置，如附图17所示。用户只需在选定的写字区域内书写注释，如果需要书写中文，可以同时按下【Ctrl】键和空格键。书写完注释后，在剪辑页上写字区域以外的任何地方单击鼠标左键即可完成本次写字操作，写字区域消失，而用户写的注释会被加在剪辑页上。

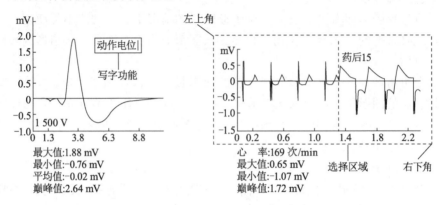

附图17　"选择并移动"和"写字"功能

（12） 退出图形剪辑页

选择该命令可以退出图形剪辑页，并显示正常的通道显示窗口。该命令是退出图形剪辑页的唯一方法。

三、BL-420E⁺软件的常用菜单

附图18为BL-420E⁺软件的顶级菜单条，它相当于对菜单命令进行第一次分类，将相同性质的命令放入同一顶级菜单项下。

菜单项

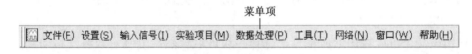

附图18　顶级菜单条

顶级菜单条上一共有9个菜单选项，分别是文件、设置、输入信号、实验项目、数据处理、工具、网络、窗口及帮助。

菜单操作的总原则是：① 当用户打开一个顶级菜单项时，会发现一些菜单项以灰色浮雕的方式显示，这表示在当前的状态下这些菜单命令不能被使用。② 当用户打开某一个顶级菜单项时，可能会在该菜单的最下面发现两个向下指的黑色小箭头，表明该菜单中有一些不常用的命令被隐藏，这是Windows 2000的特点。如果用户想看见这个菜单中所有的命令项，只需将鼠标移动到这两个向下指的小箭头上，菜单将自动展开，显示这个菜单上的全部命令。

（一）文件菜单

当用户单击顶级菜单条上的"文件"菜单项时，"文件"下拉式菜单将被弹出，如附图 19 所示。

1. 打开

该命令可以打开一个以前记录的数据文件（.tme 类型文件）。

选择此命令，将弹出"打开"对话框，在"打开"对话框中选择一个文件名，然后单击"打开"按钮，即可打开这个数据文件。

BL-420E$^+$软件默认对记录原始波形数据的文件采用"temp.tme"的命名方法，对在反演数据基础上剪辑的数据文件采用"cut.tme"的命名方法。实验停止后，如果不对记录文件进行重新命名，那么下次实验开始记录后将清除这个"temp.tme"文件的内容后重新记录。

2. 另存为

选择此命令，将弹出"另存为"对话框，如附图 20 所示。

附图 19　文件下拉式菜单

"另存为"命令只在数据反演时起作用，该功能可以将正在反演的数据文件以其他名称存储，或者将该文件存储到其他目录下。

附图 20　"另存为"对话框

"另存为"命令的另一个作用是可以对原始数据进行二次采样，即从原始数据中等间距地提取采样点并将新提取的采样点另存为一个文件。例如，要从原始数据中提取奇数位置的采样点，即提取 1，3，5，7，9，…，得到的新文件的采样率是原始文件的 1/2。

3. 保存配置

所谓的配置实际上就是指用户自定义的实验模块。用户根据预先设计的实验模块，通过"输入信号"菜单选择相应通道的信号类型，然后启动波形采样并观察实验波形，通过调节增益、时间常数、滤波和刺激器等硬件参数及扫描速度来改善实验波形，在获得满意的实验波形后，选择"保存配置"命令，系统会自动弹出"另存为"对话框，如附图 20 所示。用户只需在这个对话框中输入自定义实验模块的名字，然后单击"保存"按钮，即可保存当时选择的实验配置，以后可以通过"打开配置"命令来启动自定义实验模块。这种方法的优点是直观、准确。

4. 打开配置

选择该命令后，会弹出一个"自定义模块选择对话框"，如附图 21 所示。用户从自定义模块名下拉列表中选择一个原来存储的实验模块，然后单击"确定"按钮，系统将自动按照这个实验模块存储的配置进行实验设置并启动实验。

附图 21 "自定义模块选择对话框"

5. 打开上一次实验配置

当一次实验结束之后，本次实验所设置的各项参数均被存储到配置文件"config. las"中，如果用户想要重复上一次的实验而不想进行烦琐的设置，那么只需选择"打开上一次实验配置"命令，计算机将自动设置与上一次实验完全相同的实验参数。例如，用户在一次实验中设置了以下参数：1 通道观察心电，2 通道观察动脉血压，3 通道观察左心室内压，并且设置了增益、滤波等参数，中午休息时用户关闭了计算机，下午想要重做上午的实验，只需选择"打开上一次实验配置"命令即可实现。

6. 打印

选择该命令可以打印当前屏幕显示的波形。选择该命令时，首先会弹出"定制打印对话框"，如附图 22 所示。

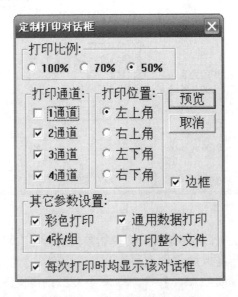

附图 22   "定制打印对话框"

定制的意思就是用户根据自己的要求选择打印参数，该对话框是专门为 BL-420E⁺ 软件打印功能设计的，在任何打印机上其界面均相同。

"打印比例"组框中有 100%、70% 和 50% 三个选项。100% 打印比例为正常打印，在这种情况下，一张打印纸上只能打印一份图形。70% 打印比例即每次打印左右两张图形，图形的大小为原始图形的 70%（如果用户选择 70% 打印比例，就必须将打印纸的方向选择为横向，否则右边的图形可能无法打印完整）。50% 打印比例即打印出来的图形为原始图形大小的 50%，这是一种节约打印纸的打印方式，在这种打印方式下，可以指定图形在打印纸上的位置，也可以实现在一张打印纸上同时打印 4 份相同的图形（学生实验时，一组实验往往需多名学生一起完成，每个同学均需要一份实验报告），这样可以有效节约打印纸。

7. 打印预览

选择该命令，首先会弹出"定制打印"对话框，根据该对话框选择好打印参数后，单击"预览"按钮可以进入打印预览状态，打印预览显示的波形与从打印机打印出的图形是一致的，如附图 23 所示。

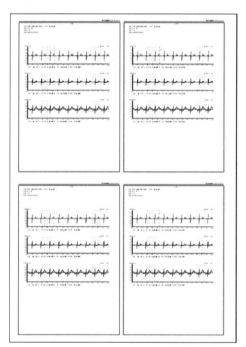

附图 23　打印预览波形（4 张/组）

8. 打印设置

选择该命令将弹出"打印设置"对话框，如附图 24 所示。在打印之前，必须利用"打印设置"对话框对打印机做初始设置。如果在打印之前用户未设置打印机，那么当选择打印命令时，"打印设置"对话框将自动弹出。

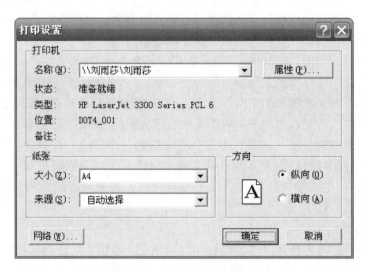

附图24 "打印设置"对话框

9. 最近文件

最近文件是指最近一段时间反演过的数据文件，它们的名字被列在"文件"菜单的下面，在 BL-420E$^+$软件中最多可以列举4个最近的文件。从列举的最近文件中选择一个文件时，可以直接打开该文件进行反演。

10. 退出

在停止实验后选择该命令，将退出 BL-420E$^+$软件。

（二）设置菜单

单击顶级菜单条上的"设置"菜单，"设置"下拉式菜单将被弹出，如附图25所示。

设置菜单中包括工具条、状态栏、实验标题、实验人员、实验相关数据等22个菜单选项，其中工具条、显示方式、显示方向、数据剪辑方式和定标5个子菜单下还有二级子菜单。

（三）输入信号菜单

单击顶级菜单条上的"输入信号"菜单项时，"输入信号"下拉菜单将被弹出。信号输入菜单包括1通道、2通道、3通道、4通道4个菜单项，每个菜单项有一个输入信号选择子菜单，如附图26所示，每个通道的输入信号选择子菜单完全相同。

附图25 "设置"下拉式菜单

附图 26　"输入信号"下拉菜单

例如，在选定了 1 通道的输入信号类型后，可以通过"输入信号"菜单继续选择其他通道的输入信号，当选定所有通道的输入信号类型之后，单击工具条上的"开始"按钮，即可启动数据采样，观察生物信号的波形变化。

如 1 通道选择的输入信号为"神经放电"，2 通道选择的输入信号为"压力"，然后启动波形显示，就可以代替实验项目中的"降压神经放电"实验模块。

（四）实验项目菜单

单击顶级菜单条上的"实验项目"菜单项时，"实验项目"下拉菜单将被弹出，如附图 27 所示。

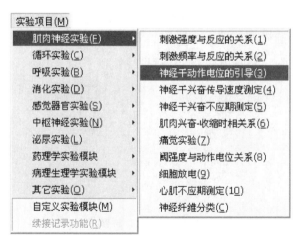

附图 27　"实验项目"下拉菜单

实验项目下拉菜单包含 12 个菜单项，分别是肌肉神经实验、循环实验、呼吸实验、消化实验、感觉器官实验、中枢神经实验、泌尿实验、药理学实验模块、病理生理学实验模块及其他实验 10 个含子菜单的菜单项和 2 个命令项（自定义实验模块和续接记录功能）。

在 10 个含子菜单的菜单项中，可以根据需要从子菜单中选择一个实验模块。选择了一个实验模块之后，系统将自动设置该实验所需的各项参数，包括信号采样通道、采样率、增益、时间常数、滤波及刺激器参数等，并且自动启动数据采样，使实验者直接进入实验状态。当完成实验后，根据不同的实验模块，打印出的实验报告包含不同的实验数据。

四、BL-420E$^+$软件的工具条

工具条（如附图 28 所示）和命令菜单的含义相似，它也是一组命令的集合。但是它和命令菜单又有些差异。具体来讲，工具条是把一些常用的命令以直观（图形形式）的方式直接呈现在使用者面前，它所包含的命令既可以和命令菜单中的重复，也可以不同，但是它所包含的命令应该是常用的，这是图形化操作系统提供给用户的另一种命令操作方式。

附图 28　工具条

工具条上的每一个图形按钮被称为工具条按钮，每一个工具条按钮对应一条命令，当工具条按钮以雕刻效果（灰色）显示时，表明该工具条按钮当前不可使用，此时，它对用户的输入没有反应；否则，它将响应用户输入。

BL-420E$^+$软件的主工具条上一共有 24 个工具条按钮和一个实验标记编辑选择组框，其中有 2 个工具条按钮是下拉工具条按钮，即测量子工具条和窗口子工具条，如附图 29 所示。下拉工具条按钮是在按钮的右下方有一个倒三角标记，当用户将鼠标移动到这个按钮上，然后按住鼠标左键不放时，按钮会向下弹出一个包含一组相关命令的子工具条，如果要选择子工具条上的命令，只需在按下鼠标左键的情况下将鼠标移动到相应的命令按钮上，然后松开鼠标左键即可。

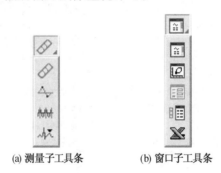

(a) 测量子工具条　　　(b) 窗口子工具条

附图 29　子工具条

1. 系统复位

系统复位命令用于对 BL-420 生物信号采集与处理系统的所有硬件及软件参数进行复位，即将这些参数设置为默认值。该命令在系统处于非实时实验及反演状态时起作用。

2. 零速采样

零速采样命令与暂停命令相似，在实时状态下执行该命令会导致波形停止移动，并且停止任何数据的存盘记录，但波形的变化会在屏幕的新数据出现端显示，测量的最新点数据值也在硬件参数调节区的右上角显示。该命令主要用于观察极慢速信号的变化，如 1 h 后才会发生变化的信号可使用这个功能进行观察。该命令在系统处于实时采样状态时起作用。

3. 启动光刺激

使用"启动光刺激"命令将弹出一个"光刺激参数设置"对话框，如附图 30 所示，光刺激的影像为黑白相间的方格（国际象棋棋盘），并且黑白相间的方格按照指定频率发生翻转，即黑变白、白变黑。"光刺激参数设置"对话框用于设置光刺激黑白方格的大小，默认值为 20 像素；切换频率即翻转频率，默认值为 2 Hz；闪光次数是指翻转次数，默认值为 100 次。每次光刺激影像的翻转会引起一次 BL-420E[+] 系统的触发采样。

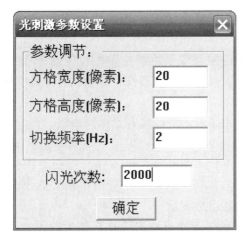

附图 30　"光刺激参数设置"对话框

4. 打开

该命令与"文件"菜单中的"打开"命令功能相同，请参阅"文件菜单"中关于"打开"命令的描述。

5. 另存为

该命令与"文件"菜单中的"另存为"命令功能相同，请参阅"文件菜单"中关于"另存为"命令的描述。

6. 打印

该命令与"文件"菜单中的"打印"命令功能相同，请参阅"文件菜单"中关于"打印"命令的描述。

7. 上一次实验配置

该命令与"文件"菜单中的"打开上一次实验配置"命令功能相同，请参阅"文件菜单"中关于"打开上一次实验配置"命令的描述。

8. 数据记录

"数据记录"命令是一个双态命令，所谓双态命令是指每执行该命令一次，其所代表的状态就改变一次，就好像一盏电灯的开关，这种命令通过按钮标记的按下和弹起表示两种不同的状态。当记录命令按钮的红色实心圆标记处于按下状态时，说明系统正处于记录状态；否则系统仅处于观察状态而不进行观察数据的记录。

9. ▶ 开始

选择该命令，将启动数据采集，并将采集到的实验数据显示在计算机屏幕上；如果数据采集处于暂停状态，选择该命令，将启动波形显示。在反演时，该命令用于启动波形的自动播放。

10. ⏸ 暂停

选择该命令，将暂停数据采集与波形动态显示。反演时，该命令用于暂停波形的自动播放。

11. ⏹ 停止

选择该命令，将结束当前实验，同时发出"系统复位"命令，使整个系统处于开机时的默认状态，但该命令不复位用户设置的屏幕参数，如通道背景颜色、基线显示开关等。反演时，该命令用于停止反演。

12. ▣ 切换背景颜色

选择该命令，显示通道的背景颜色将在黑色和白色之间切换。无论用户以前设置的通道背景颜色是什么，该命令都会无条件将背景设置为黑色或白色。

13. ∿ 格线显示

这是一个双态命令，用于显示或隐藏背景标尺格线。

14. ✏ 区间测量

区间测量按钮是一个下拉工具按钮，即在这个按钮上按住鼠标左键不放将弹出一个下拉子工具条。这个子工具条上包括4个与测量相关的命令，分别是区间测量、两点测量、频率测量和心功能参数测量。

区间测量命令用于测量任意通道波形中选择波形段的时间差、频率、最大值、最小值、平均值、峰峰值、面积、最大上升速度（dmax/dt）及最大下降速度（dmin/dt）等参数，测量的结果显示在通用信息显示区中。如果测量过程中 Excel 电子表格被打开，那么测量的数据会被同步到 Excel 电子表格中。

区间测量的步骤如下：

（1）单击"区间测量"命令按钮，此时将暂停波形扫描。

（2）将鼠标移动到任意通道中需要进行区间测量的波形段的起点位置，单击鼠标左键进行确定，此时将出现一条垂直直线，它代表用户选择的区间测量的起点。

（3）当用户移动鼠标时，另一条垂直直线出现并且随着鼠标的左右移动而移动，这条直线用来确定区间测量的终点。当这条直线移动时，在通道显示窗口的右上角将动态地显示两条垂直直线之间的时间差，单击鼠标左键确定终点。

（4）此时，在两条垂直直线区间内将出现一条水平直线，该直线用来确定频率计数的基线（如果正在对心电信号进行区间测量，那么选择的水平基线并不作为频率计数线，因为心率分析采用的是模板分析法，与频率计数线无关），如附图31所示，该水平基线将随着鼠标的上下移动而移动，水平直线所在位置的值将显示在通道的右上角，按下鼠标左键确定该基线的位置，完成本次区间测量。

（5）重复步骤（2）～（4），对不同通道内的不同波形段进行区间测量。

（6）在任意通道中单击鼠标右键结束本次区间测量。

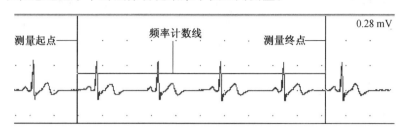

附图 31　区间测量示意图

15. 两点测量

该命令用于测量任意通道中某段波形的最大值、最小值、平均值、峰峰值、两点之间的时间差、信号的变化速率及变化率，这些信息均在通用信息显示区中显示。

两点测量的步骤如下：

（1）单击"两点测量"命令按钮，此时将暂停波形扫描。

（2）在要测量波形段的起点位置单击以确定第一点位置。此时，会有一根红色的直线出现，其一端固定在刚才确定的第一点上，另一端随着鼠标移动而移动，用于确定两点测量中的第二点位置。

（3）当用户确定了第二点位置后，单击鼠标左键，该红色直线固定，完成本次两点测量。

（4）重复步骤（2）和步骤（3），对不同通道内的不同波形段进行两点测量。

（5）在任何通道中右击都将结束本次两点测量，如附图 32 所示。

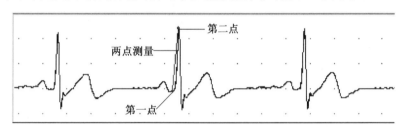

附图 32　两点测量示意图

16. 选择波形放大

该功能用于将很小的波形细节放大，便于观察和分析。当使用"区域选择"功能选择了一段波形细节后，这个功能变得可用，选择该命令后，将弹出"波形放大窗口"，如附图 33 所示，在这个窗口中可以进一步放大或缩小波形。

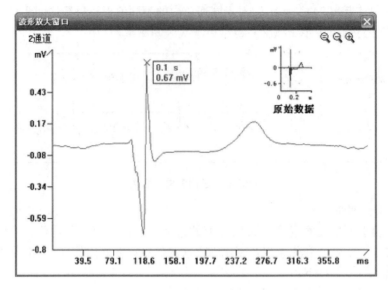

附图33　波形放大窗口

17. 图形剪辑

该命令具有图形剪辑功能，关于图形剪辑功能请参阅"图形剪辑"相关描述。

18. 数据剪辑

该命令具有数据剪辑功能，关于数据剪辑功能请参阅"数据剪辑"相关描述。

19. 数据删除

该命令具有数据删除功能。实际上，数据删除功能和数据剪辑功能都是为了实现数据剪辑，即提取原始数据中的有用数据并存储为新的数据文件。数据删除是将原始数据中的无用数据删掉，这样剩下的有用数据将构成一个新的文件，这个功能对只有少量数据是无效数据的文件有用。

需要注意的是，数据剪辑和数据删除不能同时使用，如果在一个文件上先使用了数据剪辑，那么数据删除功能就无效；反之亦然。

20. 通用标记

在实时实验过程中，当用户单击该命令时，将在波形显示窗口的顶部添加一个通用实验标记，其形状为向下的箭头，箭头前面是该标记的数值编号，编号从1开始顺序进行，如"20 ↓"，箭头后面则显示添加该标记的时间。

五、BL-420E$^+$软件的几个常用部分

1. 标尺调节区

BL-420E$^+$软件显示通道的最左边为标尺调节区（附图34），每一个通道都有一个标尺调节区，用于实现调节标尺零点的位置及选择标尺单位等功能。

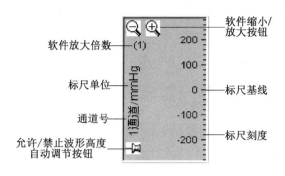

附图34　标尺调节区

2. Mark 标记选择区

Mark 标记选择区在 BL-420E+软件窗口的左下方，位于标尺调节区的下面，如附图35所示。

附图35　Mark 标记选择区

Mark 标记是用于加强光标测量的标记，该标记单独存在没有意义，只有与测量光标配合使用时，它才能完成简单的两点测量功能。如果测量光标与 Mark 标记配合，那么当测量光标移动时，它将测量 Mark 标记和测量光标之间的波形幅度差值和时间差值（测量的结果前加一个 Δ 标记，表示显示的数值是一个差值），如附图36所示。测量的结果显示在通用显示区的当前值和时间栏中。

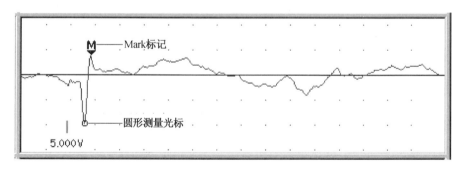

附图36　Mark 标记和圆形测量光标

在通道显示窗口的波形曲线上添加 Mark 标记有两种方法：一种是利用通道显示窗口快捷菜单中的"添加 M 标记"命令，即将测量光标移动到测试点上，右击弹出快捷菜单，选择"添加 M 标记"命令，M 标记将被自动添加到测量光标位置上；另一种是使用鼠标在 Mark 标记区中选择，然后拖放到指定波形曲线上。

利用鼠标拖放方法添加 Mark 标记的步骤：首先将鼠标移动到 Mark 标记区，按下鼠标左键，鼠标光标将从箭头变为箭头上方加一个 M 字母形状；然后在按住鼠标左键不放的情况下拖动 Mark 标记，将 Mark 标记拖放到任意通道显示窗口中的波形测量点上方后松开鼠标左键，此时 M 字母将自动落到对应于该点 x 坐标的波形曲线上。如果将 M 标记拖到没有波形曲线的地方释放，它将自动回到 Mark 标记区。如果不需要

Mark 标记了，用鼠标将其拖回到 Mark 标记区即可，拖回的方法与拖放的方法相同。

3. 滚动条与数据反演功能按钮区

滚动条和数据反演功能按钮区在 BL-420E^{+} 软件主窗口通道显示窗口的下方，如附图 37 所示。

数据选择滚动条
波形扩展
滑动块
波形压缩
数据查找

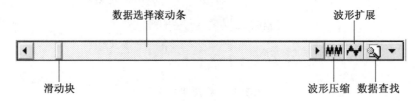

附图 37　滚动条和数据反演功能按钮区

在 BL-420E^{+} 软件中，波形曲线可以在左、右视中同时观察。在左、右视中各有一个滚动条和数据反演功能按钮区，它们的功能基本相同，只是在实时实验的过程中有一些差别，主要表现为在实时实验过程中右视的滚动条被用作简单刺激参数调节区。

4. 数据选择滚动条

数据选择滚动条位于屏幕的下方，它的作用是通过拖动滚动条，选择实验数据中不同时间段的波形。该功能不仅适用于反演时对数据的快速查找和定位，也适用于在实时实验中将已经推至窗口外的实验波形重新拖回窗口中进行观察、对比（仅适用于左视的滚动条）。

在实时实验中，如果有一个典型实验波形被移出了窗口，用户想看一下这个波形却不想停止当前实验，就可以通过左视的滚动条查找这个典型波形，并通过左视的通道显示窗口观察这个波形。具体的操作方法：首先使用鼠标选择并拖动左、右视分隔条将左视拉开，然后拖动左视下部的滚动条进行典型波形数据定位。注意，此时实验并没有停止，用户依然可以通过右视观察实时出现的生物波形，并且数据记录也依然在进行。

在反演状态，用户可以通过拖动滚动条方便地查看任何指定时间的实验波形，并且可以在左、右视进行波形的对比显示，如对比给药前后实验动物的反应变化波形等。

需要注意的是，在进行实时实验时，右视的滚动条将消失，取而代之的是简单的刺激参数调节区，如附图 38 所示。之所以这样设计，是因为在实时实验过程中，如果需要查看本次实验前面记录的数据，无须暂停，也不必停止实验就可以通过左视进行观察，所以此时右视的滚动条没有必要存在。也就是说，右视在实时实验过程始终处于观察当前实验波形的状态。

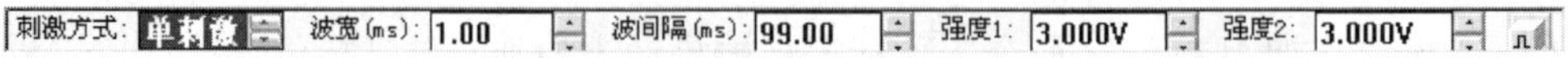

刺激方式:
单刺激
波宽(ms):
1.00
波间隔(ms):
99.00
强度1:
3.000V
强度2:
3.000V

附图 38　实时实验过程中右视滚动条转化为简单刺激参数调节区

5. 反演按钮

反演按钮位于屏幕右下方，平时处于灰色的非激活状态，当进行数据反演时，反演按钮被激活。在 BL-420E^{+} 软件中有 3 个数据反演按钮，分别是压缩波形、扩展波形两个功能按钮和数据查找菜单按钮。

（1）〰️压缩波形

波形横向压缩命令是对实验波形在时间轴上进行压缩，相当于减小波形扫描速度的调节按钮。但是这个命令是针对所有通道实验波形的压缩，即将每一个通道的波形扫描速度同时调小一挡，在波形被压缩的情况下可以观察波形的整体变化规律。

（2）〰️扩展波形

波形横向扩展命令是对实验波形在时间轴上进行扩展，相当于增大波形扫描速度的调节按钮。但是这个命令与波形压缩按钮一样是针对所有通道实验波形的扩展，在波形扩展的情况下可以观察波形的细节。

（3）🔍▾数据查找

数据查找是一个比较特别的菜单按钮，该按钮在形式上是一个按钮，但实际上是一个包含若干相关命令的选择菜单，所以在该按钮的右边有一个下拉箭头指示这个按钮可以展开。当用鼠标左键单击这个按钮时，会在这个按钮上方弹出一个数据查找菜单，如附图 39 所示。

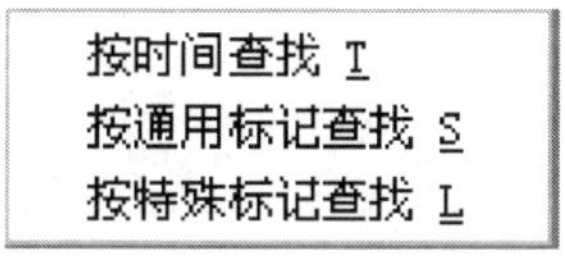

```
按时间查找  T
按通用标记查找  S
按特殊标记查找  L
```

附图 39　反演数据查找菜单

六、几个基本概念、典型图形及各通道常用信号类型

（一）基本概念

基本概念见附表 3。

附表 3　基本概念

序号	名词	解释
1	生物机能实验系统	生物信号采集与处理系统
2	基线	信号参考零点
3	区域选择	在显示通道中选择一块数据，选择数据块以反色显示
4	数据导数	从记录文件中提取原始采样数据，并存储为文本文件格式
5	数据剪辑	从原始数据文件中选择有用的数据段，并拼接为一个新的数据文件，包括数据剪辑和数据删除两种方式
6	图形剪辑	将区域选择的图形块复制到 Windows 剪贴板中
7	反演	打开一个记录数据文件
8	二次采样	以等时间间隔方式从原始数据中提取采样数据并形成新的数据文件，通过二次采样可以降低原始数据的采样率
9	高效记录方式	在数据记录的整个过程中不会关闭记录文件。由于不会频繁打开和关闭文件，所以效率较高
10	安全记录方式	只在写入数据的瞬间打开记录文件，其余时间记录文件处于关闭状态，文件关闭后是安全的，所以在系统出现故障（如停电）时仍然可以保存已记录数据

续表

序号	名词	解释
11	最近文件	指用户最近一段时间反演过的数据文件，它们的名字被列在"文件"菜单的下面，选择某一个"最近文件"可以直接打开这个文件进行反演
12	软件升级	成都泰盟科技有限公司发布新版本的软件。要完成软件升级，需要在升级软件中选择"设置"→"定制"命令，然后选择"自定义"对话框中的"工具栏"，并单击其中的"全部重新设置"按钮完成升级
13	视	一个完整的显示系统，包括时间显示窗口、4个通道显示窗口、数据滚动和查找窗口。在 BL-420 系统中有两个视，即左视和右视
14	50 Hz 滤波	消除 50 Hz 市电干扰
15	增益	硬件放大倍数
16	时间常数	高通滤波，其功能为抑制低频信号，即信号线不再上下漂移；人体心电图的时间常数必须设定为 5 s，否则波形畸变
17	滤波	低通滤波，其功能为抑制高频干扰信号
18	快捷菜单	在窗口中右击弹出的菜单一般与窗口当前的状态相关，如显示通道快捷菜单、标尺设置快捷菜单、心功能参数测量快捷菜单等
19	及时帮助	直接提供选择点的帮助说明
20	USB 设备驱动程序	BL-420E+ 软件和 USB 硬件接口之间通信的中间程序，这种程序属于操作系统的一级程序，相当于一座沟通硬件和软件的桥梁。任何 USB 设备都需要驱动程序，要么厂家提供（专用设备的驱动程序），要么微软公司提供（通用设备的驱动程序）

（二）BL-420 系统完成的典型实验波形

BL-420 系统的典型实验波形见附图 40~附图 49 所示。

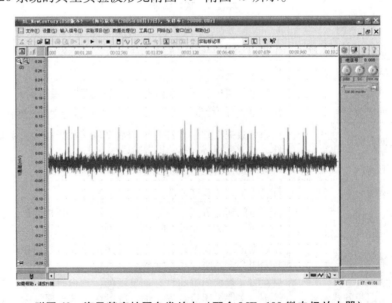

附图 40　海马基底核团自发放电（配合 ME-100 微电极放大器）

附图 41　降压神经放电及其频率直方图

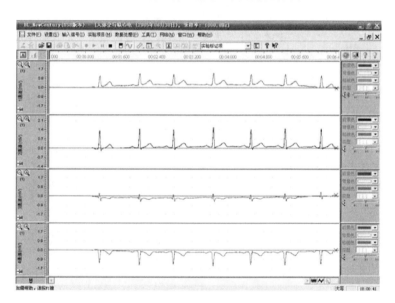

附图 42　人体全导联心电图（时间常数 5 s）

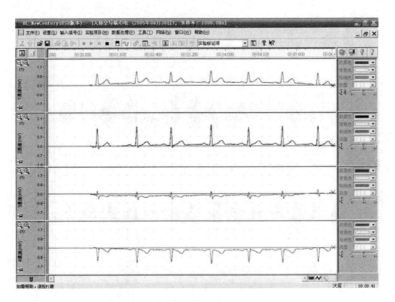

附图 43　人体脑电图及其频谱分析

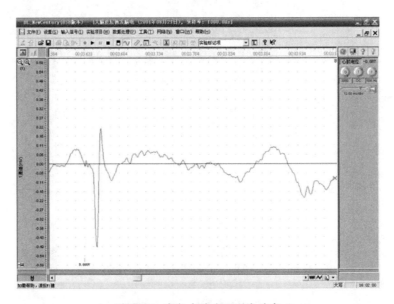

附图 44　家兔大脑皮层诱发脑电

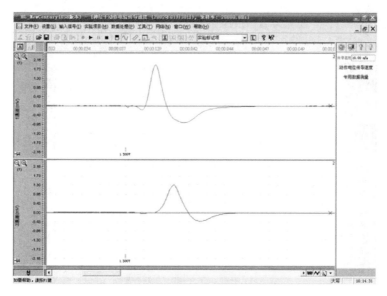

附图 45　神经干兴奋传导速度（可比较显示）

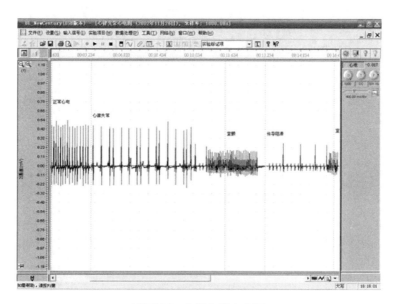

附图 46　心律失常心电图

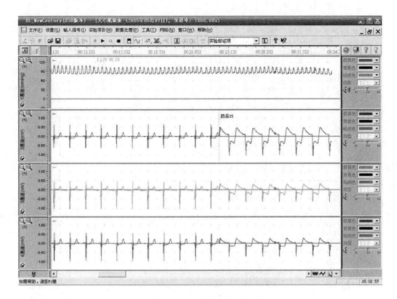

附图 47　犬心肌缺血心电图

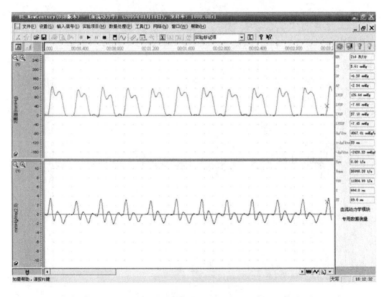

附图 48　左室内压及其微分图（血流动力学实验）

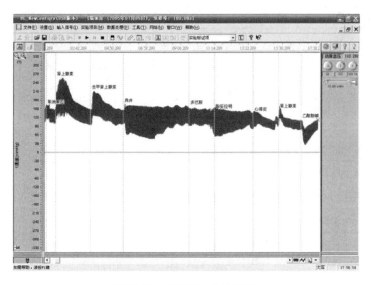

附图49 猫动脉血压调节图

（三）各通道信号类型一览表

各通道信号类型见附表4。

附表4 各通道信号类型一览表

序号	实验模块名称	通道信号类型				备注
		1通道	2通道	3通道	4通道	
	一、肌肉神经实验					
1-1	刺激强度与反应的关系	张力				程控
1-2	刺激频率与反应的关系	张力				程控
1-3	神经干动作电位的引导	动作电位				
1-4	神经干兴奋传导速度测定	动作电位	动作电位			
1-5	神经干兴奋不应期测定	动作电位				
1-6	肌肉兴奋-收缩时相关系	动作电位	张力			
1-7	痛觉实验	张力				程控
1-8	阈强度与动作电位关系	动作电位				程控
1-9	细胞放电	细胞放电				
1-10	心肌不应期测定	动作电位	左室内压	心电	心电	程控
1-11	神经纤维分类	动作电位				
	二、循环实验					
2-1	蛙心灌流	张力				
2-2	期前收缩-代偿间歇	张力				可程控
2-3	全导联心电	心电	心电	心电	心电	合成信号

序号	实验模块名称	通道信号类型				备注
		1 通道	2 通道	3 通道	4 通道	
2-4	心肌细胞动作电位	动作电位				
2-5	心肌细胞动作电位与心电图	动作电位	心电			连续示波方式
2-6	兔降压神经放电	神经放电	血压			
2-7	兔动脉血压调节	血压				
2-8	左室内压与动脉血压	左室内压	血压	微分		
2-9	血流动力学模块	心电	左室内压	血压	微分	
2-10	急性心肌梗死及药物治疗	心电	血压	微分		
2-11	阻抗测定	心音	血压	阻抗	微分	
	三、呼吸实验					
3-1	膈神经放电	神经放电	张力			
3-2	呼吸运动调节	张力				
3-3	呼吸相关参数的采集与处理	神经放电	神经放电			
3-4	肺通气功能测定	呼吸				
	四、消化实验					
4-1	消化道平滑肌电活动	胃电				
4-2	消化道平滑肌的生理特性	张力				
4-3	消化道平滑肌活动	胃电	胃电	压力		
4-4	苯海拉明的拮抗参数的测定	张力				
	五、感觉器官实验					
5-1	肌梭放电	神经放电				
5-2	耳蜗生物电活动	神经放电				
5-3	视觉诱发电位	动作电位				
5-4	脑干听觉诱发电位	动作电位				
	六、中枢神经实验					
6-1	大脑皮层诱发电位	动作电位				
6-2	中枢神经元单位放电	神经放电				
6-3	脑电图	脑电				
6-4	诱发电位	动作电位				连续显示方式
6-5	脑电睡眠分析	呼吸	肌电	肌电	脑电	

序号	实验模块名称	通道信号类型				备注
		1 通道	2 通道	3 通道	4 通道	
	七、泌尿实验					
7-1	影响尿生成的因素	血压	记滴趋势图			
	八、药理学实验					
8-1	pA$_2$ 值的测定	张力				
8-2	药物的镇痛作用	张力				
8-3	尼可刹米对吗啡呼吸抑制的解救作用	呼吸				
8-4	药物对离体肠的作用	张力				
8-5	传出神经系统药物对麻醉大鼠血压的影响	血压	心电			
8-6	药物对实验性心律失常的作用	心电				
8-7	药物对麻醉大鼠的利尿作用	血压	记滴趋势图			
8-8	垂体后叶激素对小白鼠离体子宫的作用	张力				
8-9	电惊厥实验	张力				主要用刺激器
	九、病理生理学实验					
9-1	大白鼠实验性肺水肿	血压	呼吸			
9-2	急性失血性休克	血压	中心静脉压	呼吸	心电	
9-3	急性左心衰合并肺水肿	心电	左室内压	呼吸		
9-4	急性右心衰	心电	血压	中心静脉压	呼吸	
9-5	急性高钾血症	心电				
	十、其他实验					
10-1	电生理常用实验方法	神经放电	神经放电	神经放电		

附录二　常用生理溶液的配制方法

为了较长时间地维持离体组织器官的正常生命活动，作为代替体液的生理溶液必须具备4个条件：① 应含有该组织器官维持正常机能所需的各类盐离子，并具有适当的比例；② 渗透压应与该动物组织液相等；③ 酸碱度应与该动物血浆酸碱度相同，并具有充分的缓冲能力；④ 应含有足够的 O_2 与营养物质。

在生理学实验中，常用的生理溶液有生理盐水、任氏液、洛克氏液及台氏液，其成分见附表5。

附表5　常用生理溶液成分表

成分	任氏液	洛克氏液	台氏液	生理盐水	
	两栖类用	哺乳类用	哺乳类用	两栖类用	哺乳类用
$NaCl$/g	6.5	9.0	8.0	6.5~7.0	9.0
KCl/g	0.14	0.42	0.2		
$CaCl_2$/g	0.12	0.24	0.2		
$NaHCO_3$/g	0.20	0.1~0.3	1.0		
NaH_2PO_4/g	0.01		0.05		
$MgCl_2$/g			0.1		
葡萄糖/g	2.0	1.0~2.5	1.0		
蒸馏水/mL	均加至 1 000 mL				

生理溶液的配制方法：一般先分别将各成分配制成一定浓度的母液（附表6），然后依表中所示容量混合。需要注意的是，$CaCl_2$ 应在其他母液混合并加入蒸馏水后，再边搅拌边加入，以防生成钙盐沉淀。另外，葡萄糖应在用前临时加入，不能久置。

附表6　配制生理溶液所需的母液及其容量

成分	母液浓度/%	任氏液	洛克氏液	台氏液
$NaCl$/g	20	32.5	45.0	40.0
KCl/g	10	1.4	4.2	2.0
$CaCl_2$/g	10	1.2	2.4	2.0
NaH_2PO_4/g	1	1.0		5.0
$MgCl_2$/g	5			2.0
$NaHCO_3$/g	5	4.0	2.0	20.0
葡萄糖/g		2.0	1.0~2.5	1.0
蒸馏水/mL	均加至 1 000 mL			

附录三　常用消毒药品的配制方法及用途

常用消毒药品的配制方法及用途见附表7。

附表7　常用消毒药品的配制方法及用途

消毒药品名称	配制方法	用途
新洁尔灭	1∶1 000	洗手，手术器械消毒
来苏尔	3%~5%	器械消毒，实验室地面、动物笼架、实验台消毒
	1%~2%	洗手和皮肤消毒
石炭酸（苯酚）	5%	器械消毒，实验室消毒
	1%	洗手和手术部位皮肤洗涤
漂白粉	10%	消毒动物排泄物、分泌物及严重污染区域
	0.5%	实验室喷雾消毒
生石灰	10%~20%	消毒被污染的地面和墙壁
福尔马林	36%甲醛溶液 10%甲醛溶液	实验室蒸汽消毒、器械消毒
乳酸	4~8 mL 每100 m³	实验室蒸汽消毒
碘酒	碘 3.0~5.0 g，碘化钾 3.0~5.0 g，75%酒精加至100 mL	皮肤消毒，待干后用75%酒精擦去
高锰酸钾溶液	高锰酸钾 10 g，蒸馏水 100 mL	皮肤消毒洗涤
硼酸消毒液	硼酸 2 g，蒸馏水 100 mL	洗涤直肠、鼻腔、口腔、眼结膜等
呋喃西林消毒液	雷佛奴尔 1 g，蒸馏水 100 mL	各种黏膜消毒，创伤洗涤